高等学校“十三五”规划教材

新编金工实习

（数字资源版）

主　编　韦健毫
副主编　张烈平　贲维锋　杨贵禄

U0319702

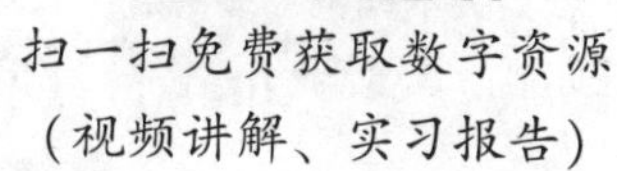
扫一扫免费获取数字资源
（视频讲解、实习报告）

北　京
冶　金　工　业　出　版　社
2020

内 容 提 要

本书共9章，主要内容包括金工实习概论、普通车工、普通铣工、钳工、焊接、机电拆装、数控车工、数控铣工、数控线切割加工等，另附金工实习各工种习题等。本书理论与实践相结合，重点培养学生实际动手能力和创新精神，旨在提高学生的综合素质。

本书可作为高等和高职院校理工类专业的实习教材，也可供相关工程技术人员参考。

图书在版编目(CIP)数据

新编金工实习：数字资源版/韦健毫主编.—北京：冶金工业出版社，2020.4

高等学校“十三五”规划教材

ISBN 978-7-5024-8487-3

Ⅰ.①新… Ⅱ.①韦… Ⅲ.①金属加工—实习—高等学校—教材 Ⅳ.①TG-45

中国版本图书馆CIP数据核字（2020）第055387号

出 版 人 陈玉千

地　　址 北京市东城区嵩祝院北巷39号 邮编 100009 电话 (010)64027926

网　　址 www.cnmip.com.cn 电子信箱 yjcbs@cnmip.com.cn

责任编辑 杜婷婷 刘林烨 美术编辑 彭子赫 版式设计 禹 蕊

责任校对 郑 娟 责任印制 禹 蕊

ISBN 978-7-5024-8487-3

冶金工业出版社出版发行；各地新华书店经销；三河市双峰印刷装订有限公司印刷

2020年4月第1版，2020年4月第1次印刷

169mm×239mm；10.25印张；197千字；151页

29.00元

冶金工业出版社 投稿电话 (010)64027932 投稿信箱 tougao@cnmip.com.cn

冶金工业出版社营销中心 电话 (010)64044283 传真 (010)64027893

冶金工业出版社天猫旗舰店 yjgycbs.tmall.com

（本书如有印装质量问题，本社营销中心负责退换）

编 写 人 员

主　编　韦健毫

副主编　张烈平　贲维锋　杨贵禄

参　编　杨亮亮　李焕浩　杨小城　文来弟　邹自明

前　言

为了便于教学人员组织教学及学生实习，本书按实习的工种进行编写，每一章都通过相关的理论讲解与实践安全操作相结合，以实践操作为主，紧紧围绕实习的目的和要求进行，还配有各工种相关的实习操作教学视频，读者可通过扫描二维码免费观看，从而更加深入和形象地学习各工种的操作与相关知识。

在编写教材过程中，编者根据多年的教学实践经验，分析当代大学生的认知和实践特点，本书重视实践和实习实验在教学中的积极作用，体现“夯实基础，拓宽前沿，探究实践，促进创新”的主导思想；重视基础知识，适度拓宽前沿，将反映行业进步的新理论、新技术融入其中。使学生了解从传统的机械制造到现代的先进制造，从认知、了解、掌握到独立完成制作，提高学生的工程意识以及质量、安全、环保意识和动手能力。本教材面向学生、贴近学生，有利于学生探究式的自主学习，增强实践工作能力。

本书是结合编者多年的实践教学经验总结而成，实用性较强，可用作高等院校理工类专业的实习教材，也可作为高职高专学生实习教材，并可供有关技术人员和研究人员阅读参考。

本书的出版得到了桂林理工大学教材建设基金资助，在此表示衷心的感谢！

由于编者水平所限，书中不妥之处，敬请广大读者批评指正。

编　者

2019 年 12 月

目　　录

1 金工实习概论

扫一扫下载金工实习报告

1.1 金工实习的意义、目的和要求

1.1.1 金工实习的意义

金工实习是一门实践基础必修课，是机械类各专业学生学习工程材料和机械制造基础等课程必不可少的选修课，是非机类有关专业教学计划中重要的实践教学环节。它对于培养学生的动手能力有很大的意义，同时还可以让学生了解传统的机械制造工艺和现代机械制造技术。

我国现行的教育体制，使得通过高考而进入大学的大学生的动手实践能力比较薄弱。因此，处于学校和社会过渡阶段的大学就承担了培养学生实践能力的责任。金工实习就是培养学生实践能力的有效途径。基于此，同学们必须给予这门课以足够的重视，充分利用实习时间，好好提高自己的动手能力。

机械制造生产过程实质上是一个资源向产品或零件的转变过程，是一个将大量设备、材料、人力和加工过程等有序结合的一个大的生产系统。因此短期内不可能完全掌握这门技术。但是最起码应该了解一些机械制造的一般过程，熟悉机械零件的常用加工方法，并且应初步具备选择加工方法、进行加工分析和制定工艺规程的能力。这样可以为后续课程打下坚实的基础。

1.1.2 金工实习的目的

金工实习也叫作金属加工工艺实习，主要是以讲解、现场示范操作和学生独立操作相结合的方式进行，从而让学生掌握工艺知识和操作技能。金工实习是高等院校工科类学生的重要实践教学环节之一，是一门传授机械制造基础和技能的技术基础课。学生在金工实习过程中通过独立的实践操作，将有关机械制造的基本工艺知识、方法和基本工艺实践等有机结合起来，了解新工艺、新材料在现代机械制造工程中的应用，拓宽工程视野，进行工程实践综合能力的训练，同时进行思想品德和素质的培养与锻炼；培养学生严谨的科学作风，让学生有更多的独立设计、独立制作和综合训练的机会，理论联系实际动手动脑，并在求新求变、反复归纳和比较中丰富知识，锻炼能力，从而提高综合素质，培养创新精神和创新能力；同时培养学生“严谨、求真、务实、创新”的工程技术思想，增强实践工作能力，激发学生学习专业知识的热情，接受思想作风教育。

1.1.3　金工实习的要求

金工实习的要求主要包括：

（1）掌握机械零件的各种常用加工方法，所用设备、工、夹、量具和刃具正确使用方法，以及安全操作技术规程。对加工工艺过程有一定的了解。

（2）对简单的零件具有选择加工和工艺分析的能力，在主要工种上具有操作实习设备，并完成作业件加工制造的实践能力。

（3）了解零件加工生产中的工程术语和技术文件等。

（4）了解新工艺、新技术、新材料在机械制造中的应用。

（5）初步了解现代制造技术设备的基本操作知识，并进行基本操作训练和应用。

（6）树立正确的劳动观念，遵守劳动组织纪律，爱护国家财产，建立产品质量和经济观念。

（7）在理论联系实际和科学作风中，工程技术人员的基本素质方面应受到培养和锻炼。

1.2　机械制造技术相关知识

1.2.1　机械制造简介

机械制造是指从事各种动力机械及其他机械设备等生产的工业部门。机械制造业为整个国民经济提供技术装备，其发展水平是国家工业化程度的主要标志之一。以信息技术为代表的现代科学技术发展，对机械制造业提出了更高、更新的要求。各国和地区，特别是发达国家更重视发展机械制造业。

1.2.2　机械加工制造工艺方法

在机械制造行业，产品从毛坯到成品或直接制造出成品的过程，基本上是采用机械制造加工的方法。目前的制造方法主要包括减材、增材和增减材混合加工技术三种。

1.2.2.1　减材制造

减材制造通常是指通过机器设备完成从毛坯进行切削去除材料到成品的机械加工方法。在其制造过程中材料逐渐减少，直到加工变为成品。

常用机械加工的设备有普通车床、普通铣床、刨床、磨床、钻床、镗床、插床、拉床、数控车床、数控铣床和数控加工中心等。

1.2.2.2　增材制造

增材制造（Additive Manufacturing，AM）俗称3D打印，融合了计算机辅助设计、材料加工与成形技术和数字模型文件，通过软件与数控系统将专用的金属材料、非金属材料和医用生物材料，按照挤压、烧结、熔融、光固化、喷射等方式逐层堆积，制造出实体物品的制造技术。与传统的、对原材料去除—切削、组装的加工模式不同，增材制造是一种“自下而上”通过材料累加的制造方法，从无到有。这使得过去受到传统制造方式的约束，而无法实现的复杂结构件制造变为可能。

1.2.2.3　增减材混合加工技术

当考虑一个零件是用减材制造还是增材制造时，首先会考虑到其复杂性。对于复杂性高的零部件来说，增材制造是一种必然选择，因为它能赋予完整的几何自由度去构建具有复杂内部结构和功能的零部件。基于数控加工的减材制造对于常规形状的零件来说能实现高的生产效率和非常紧密的公差。因此，越是复杂的零部件，就越适合用增材制造技术，但如果零件规格要求更严格的公差，通常需要用传统的方法。

混合加工技术能提供从纯粹的增材到减材制造之间的全面选择。可以将这两种技术融合在一起，来打印材料，在已有的零部件上添加金属，从无到有构建零件，然后把它们融合在一起。

大部分情况下，增材制造的零部件不能满足传统加工的需求。有些功能对表面光洁度（或公差）有要求，则不能通过直接材料沉积来获得。在CNC数控机床上增加定向的能量沉积，能结合金属3D打印的复杂性以及传统数控加工的表面光洁度。这种混合加工系统可以通过实现较厚的沉积层最大限度地提高增材制造的生产率，因为能在同一台机器内提高表面光洁度。采用高精密的一台机床，再增加调整过的一种沉积喷嘴，该机器可以从无到有打印零部件或是将材料增加到已有的工件上，然后按照指令进行加工。可以先打印一点，然后将喷嘴换成铣削刀具进行加工，为下一层沉积做表面处理，再换回喷嘴来沉积下一层材料。也可以打印直到成品完成，然后再加工这个零件。

例如，三井精机混合加工系统是一个5轴加工中心平台，精度为15μm，15000~30000r/min的CAT（或HSK）主轴。和主轴保持一致的喷嘴、光纤激光器和粉末的进料系统，将这些集成到1台加工中心中，得到1个可以在常规数控加工和增材制造之间来回改变的混合加工系统。或者是德玛吉森精Lasertec30SLM集成了更少的可移动轴，以及简化了整体机器结构，这款机器的占地面积很小，特别适合生产高混合、小体积的零件或形状复杂的工件。其中，3D打印金属附着零件上的过程如图1-1所示。

图 1-1　3D 打印金属附着零件上的过程图

1.3　相关实习实验设备

本中心的实习实验主要以普通车工、普通铣工、钳工、机电拆装、焊接、数控车工、数控铣工、数控线切割等 8 个工种进行实习，各工种以工种名称命名实习实验室。部分相关所涉及使用到的设备及区域如下：

（1）普通车削实习实验室区域，其中，普通车床和普通车床区如图 1-2 和图 1-3 所示。

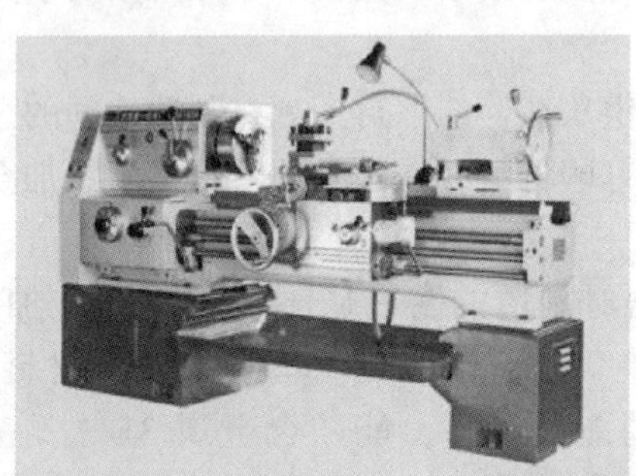

图 1-2　普通车床

图 1-3　普通车床区

（2）普通铣削实习实验室区域。其中，普通铣床和普通铣工区如图 1-4 和图 1-5 所示。

（3）钳工实习实验室区域。其中，钳工工具、台钻和普通铣工区分别如图 1-6~图 1-8 所示。

图 1-4　普通铣床

图 1-5　普通铣工区

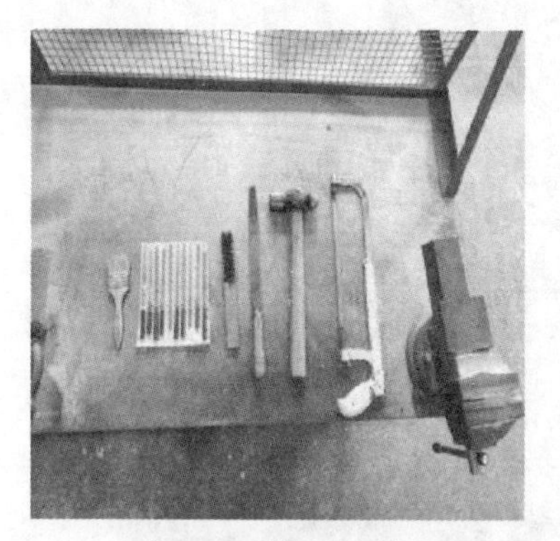

图 1-6　钳工工具

图 1-7　台钻

图 1-8　普通铣工区

（4）机电拆装实习实验室区域。其中，机电拆装区（拆装顶扇）如图 1-9 所示。

（5）焊接实习实验室区域。其中，焊接操作如图 1-10 所示，焊接区如图 1-11所示。

（6）数控车削实习实验室区域。其中，数控车床和数控车工区如图 1-12 和图 1-13 所示。

图 1-9　机电拆装区（拆装顶扇）

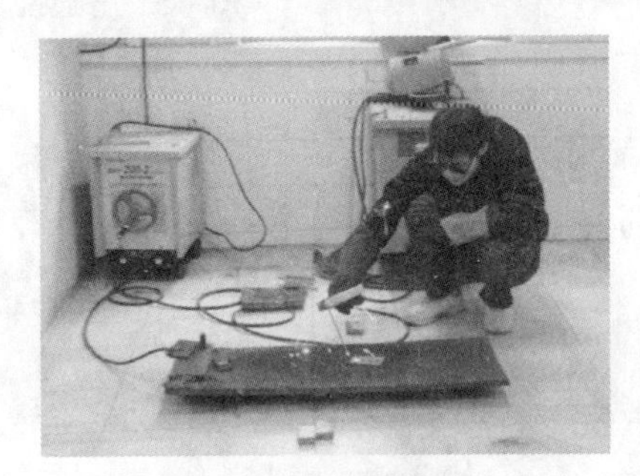

图 1-10　焊接

图 1-11　焊接区

图 1-12　数控车床

图 1-13　数控车工区

（7）数控铣削实习实验室区域。其中，数控铣床和数控铣工区如图 1-14 和图 1-15 所示。

图 1-14　数控铣床

图 1-15　数控铣工区

（8）数控线切割实习实验室区域。其中，数控线切割机床和数控切割区如图 1-16 和图1-17所示。

图 1-16　数控线切割机床

图 1-17　数控线切割区

1.4　金工实习上课时间及内容安排

1.4.1　上课时间

周一到周五上课，一周为 5 天，上课应提前 5min 到，不能迟到。学生要按自己在教务系统选课时间进行上课，找到自己所在的相应班级、上课地点（工种地点不同）和带队队长老师。

每天上课时间为：早上 8：30—11：30，下午 14：30—16：30。

1.4.2　实习内容安排

金工实习分为 1 周实习、2 周实习、4 周实习（3 周实习课加 1 周创新设计制作），各周实习内容如下：

（1）1 周实习，其时间安排见表 1-1。

表 1-1　1 周实习时间安排

项　目	时间/天	项　目	时间/天	项　目	时间/天
金工实习概论	0.5	钳工	1	车工（或数车）	1
参观熟悉场地	0.5	铣工（或数铣）	1	焊接	1

（2）2 周实习，其时间安排见表 1-2。

表 1-2　2 周实习时间安排

项　目	时间/天	项　目	时间/天	项　目	时间/天
金工实习概论	0.5	铣工	1	拆装	1
参观熟悉场地	0.5	焊接	1	线切割	1
车工	1	数车	1	考核及指导书写实习报告	1
钳工	1	数铣	1		

（3）4 周实习时间安排（3 周实习课加 1 周创新设计制作），其时间安排见表 1-3。

表 1-3 4 周实习时间安排

<table>
<tr><th>项目</th><th>时间/天</th><th>项目</th><th>时间/天</th><th>项目</th><th>时间/天</th></tr>
<tr><td>金工实习概论</td><td>0.5</td><td>数铣</td><td>2</td><td rowspan="4">根据工艺选择工种设备加工并组装完成</td><td rowspan="4">3</td></tr>
<tr><td>参观熟悉场地</td><td>0.5</td><td>线切割</td><td>2</td></tr>
<tr><td>车工</td><td>2</td><td rowspan="4">学生根据所学组队设计简易机构画好图并写好加工工艺</td><td rowspan="4">1</td></tr>
<tr><td>钳工</td><td>2</td></tr>
<tr><td>铣工</td><td>1</td><td rowspan="4">每组上交图纸及工艺和组装好的作品给老师批改</td><td rowspan="4">1</td></tr>
<tr><td>拆装</td><td>1</td></tr>
<tr><td>焊接</td><td>1</td><td rowspan="2">教师审核图纸并给学生发放耗材</td><td rowspan="2">1</td></tr>
<tr><td>数车</td><td>2</td></tr>
</table>

1.5 常用量具简介

1.5.1 游标卡尺

游标卡尺如图 1-18 所示。

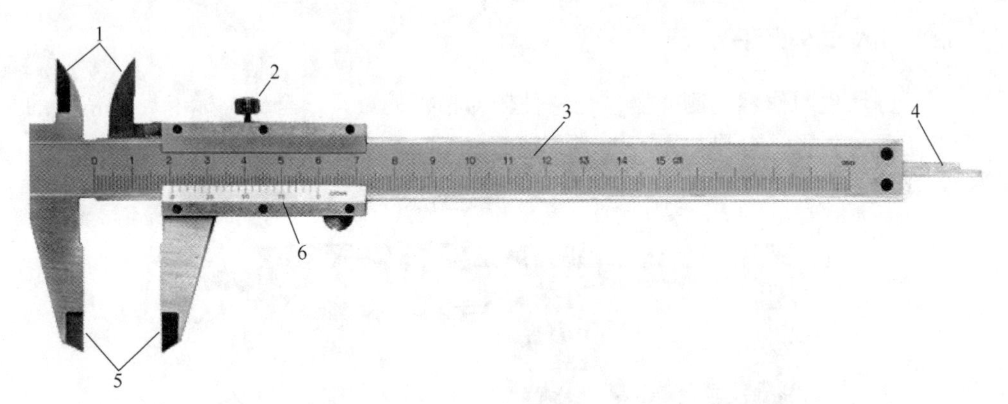

图 1-18 游标卡尺

1—内测量爪；2—紧固螺钉；3—主尺；4—深度尺；5—外测量爪；6—游标尺

1.5.1.1 游标卡尺的识读

读数原理为：主尺每小格为 1mm，游标尺刻度总长为 49mm，并等分为 50 格，因此每格为 49/50=0.98（mm）。则主尺和游标尺相对 1 格之差为 1-0.98=0.02（mm）。因此它的精度为 0.02mm。

读数方法为：先读游标尺的左边零刻线在主尺上的整数毫米值，再在游标尺上找到与主尺刻线对齐的刻线，读出小数毫米值。最后将整数值与小数值相加得出被测实际尺寸。游标卡尺测量值如图 1-19 所示。

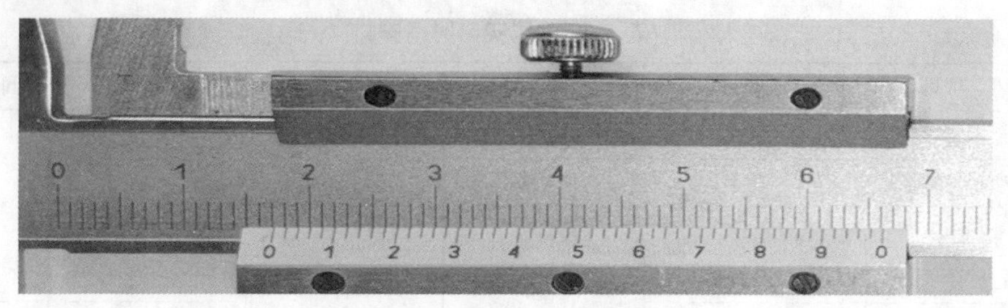

图 1-19　游标卡尺测量值

其中，由图 1-18 可知，此图的读数为：主尺 17mm，游标尺的第 10 格与主尺刻度线对齐为 0.2mm，即 17+0.2=17.2（mm）。

1.5.1.2　游标卡尺的应用

作为一种常用量具，游标卡尺有以下 4 个方面的应用：

（1）测量工件宽度；

（2）测量工件外径；

（3）测量工件内径；

（4）测量工件深度。

1.5.2　机械式外径千分尺

千分尺也叫作螺旋测微器，是一种较为精密的量具，是比游标卡尺更精密的测量工具。外径千分尺如图 1-20 所示。

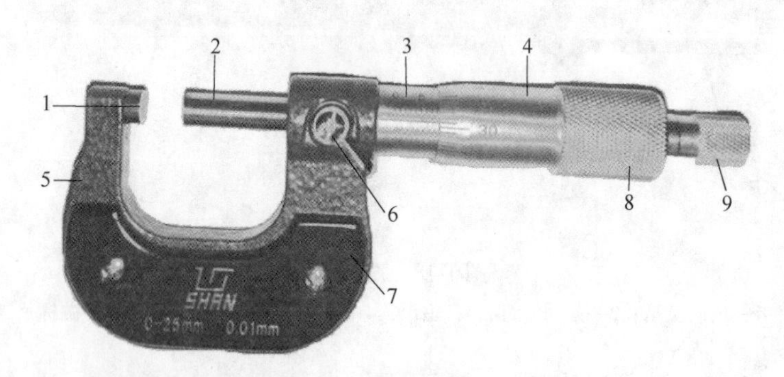

图 1-20　外径千分尺

1—测砧；2—测微螺杆；3—固定套管；4—微分筒；5—尺架；6—锁紧装置；7—隔热装置；8—测力装置；9—旋钮

其读数原理为：千分尺的测微螺杆的螺距为 0.5mm，固定套管上的直线距离每格为 1mm。当微分筒每转一圈时，测微螺杆就移动了 0.5mm。微分筒上共刻 50 小格，因此微分筒每转 1 小格时，测微螺杆就移动了 0.5/50 = 0.01（mm）。

1.5.3　钢直尺

钢直尺也叫作钢板尺。它是具有 1 组或多组有序的标尺标记及标尺数码所构成的钢制板状的测量器具，如图 1-21 所示。

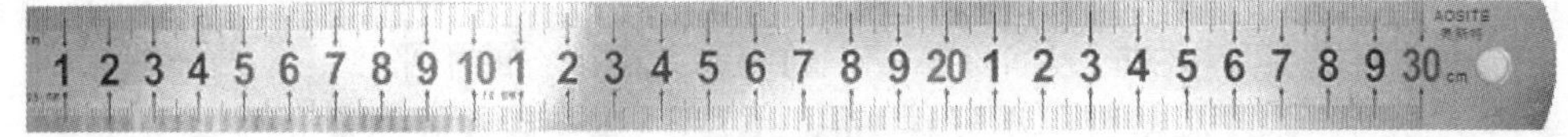

图 1-21　钢直尺

钢直尺为普通测量长度用量具。用不锈钢片制成，具有一定的弹性。尺的正面上下两边刻有刻度，其规格按标称长度有 150mm，300mm，500（600）mm，1000mm，1500mm，2000mm 6 种。尺的方形一端为工作端起始测量边，另一端为圆弧形附悬挂孔。

1.5.4　量具的使用注意事项

量具在使用前调零，使用时轻拿轻放，严禁超量程使用，更不能当其他工具使用。使用完毕后必须擦拭干净放回专用量具盒。

1.6　极限偏差数值及表面粗糙度和形位公差

1.6.1　自由公差等级的极限偏差数值

按照国家标准 1804-2000（ISO2768-1.1989）规定：一般公差分为精密 f，中等 m，粗糙 c，最粗 v。按未注公差的线性尺寸和角度尺寸分别给出各公差等级的极限偏差数值（见表 1-4）。

表 1-4　自由公差等级的极限偏差数值

公差等级	基本尺寸分段							
	0.5~3	>3~6	>6~30	>30~120	>120~400	>400~1000	>1000~2000	>2000~4000
精密 f	±0.05	±0.05	±0.1	±0.15	±0.2	±0.3	±0.5	—
中等 m	±0.1	±0.1	±0.2	±0.3	±0.5	±0.8	±1.2	±2
粗糙 c	±0.2	±0.3	±0.5	±0.8	±1.2	±2	±3	±4
最粗 v	—	±0.5	±1	±1.5	±2.5	±4	±6	±8

其中，极限偏差适用于：

（1）线性尺寸。例如外尺寸、内尺寸、阶梯尺寸、直径、半径、距离、倒圆半径和倒角高度。

（2）角度尺寸。包括通常不标出角度值的角度尺寸，例如直角（90°）。

（3）机加工组装的线性和角度尺寸。

1.6.2　表面粗糙度

表面粗糙度是指加工表面具有较小间距和微小峰谷的不平度。其两波峰或两波谷之间的距离（波距）很小（在1mm以下），属于微观几何形状误差。其中，表面粗糙度越小，则表面越光滑。表面粗糙度符号见表1-5。

表1-5　表面粗糙度符号参考表

符号	意　义	符号	意　义	符号	意　义
√	基本符号，表示表面可用任何方法获得	3.2√	用任何方法获得的表面粗糙度，*Ra* 的上限值为3.2μm	3.2max √	用任何方法获得的表面粗糙度，*Ra* 的最大值为3.2μm
（基本符号加一短划）	基本符号加一短划，表示表面是用去除材料的方法获得，如车、铣等	3.2（去除材料符号）	用去除材料的方法获得的表面粗糙度，*Ra* 的上限值为3.2μm	3.2max（去除材料符号）	用去除材料的方法获得的表面粗糙度，*Ra* 的最大值为3.2μm
（基本符号加一小圆）	基本符号加一小圆，表示表面是用不去除材料的方法获得，或是用于保持原供应状况的表面	3.2（不去除材料符号）	用不去除材料的方法获得的表面粗糙度，*Ra* 的上限值为3.2μm	3.2max（不去除材料符号）	用不去除材料的方法获得的表面粗糙度，*Ra* 的最大值为3.2μm
—	—	3.2 1.6（去除材料符号）	用去除材料的方法获得的表面粗糙度，*Ra* 的上限值为3.2μm，*Ra* 的下限值为1.6μm	3.2max 1.6min（去除材料符号）	用去除材料的方法获得的表面粗糙度，*Ra* 的最大值为3.2μm，*Ra* 的最小值为1.6μm

1.6.3 形位公差

形位公差也叫作几何公差（包括形状公差和位置公差）。任何零件都是由点、线、面构成的，这些点、线、面称为要素。机械加工后零件的实际要素相对于理想要素总有误差（包括形状误差和位置误差）。这类误差影响机械产品的功能，设计时应规定相应的公差并按规定的标准符号标注在图样上。20 世纪 50 年代前后，工业化国家就有形位公差标准。国际标准化组织（ISO）于 1969 年公布形位公差标准，1978 年推荐了形位公差检测原理和方法。中国于 1980 年颁布形状和位置公差标准，其中包括检测规定。形状公差和位置公差简称为形位公差，见表 1-6。

表 1-6 形位公差符号参考表

分类	特征项目	符号	有无基准	示例	标注含义
形状公差	直线度	—	无	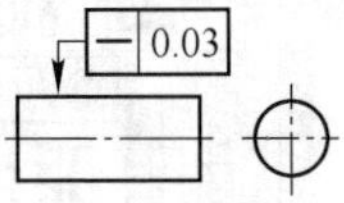 — 0.03	被测表面投影后接近直线的变化范围应该在公差值 t（t = 0.03）内
	平面度	▱	无	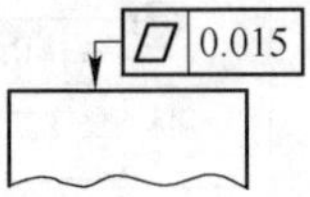 ▱ 0.015	被测加工表面必须位于距离为公差值 t（t=0.015）的范围内
	圆度	○	无	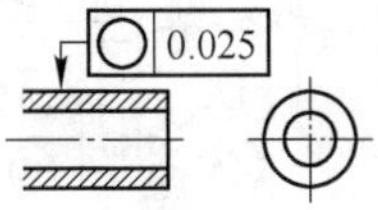 ○ 0.025	被测圆柱面的任意截面的圆周必须位于半径差为公差值 t（t = 0.025）的两同心圆之内
	圆柱度	⌭	无	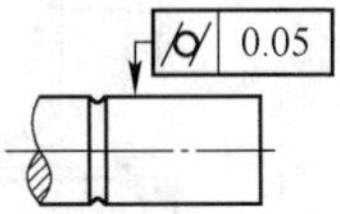 ⌭ 0.05	被测圆柱面必须位于半径差为公差值 t（t=0.05）的两同轴圆柱面之间
	线轮廓度	⌒	有或无	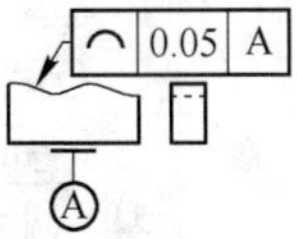 ⌒ 0.05 A	被测轮廓线对 A 基准线的轮廓公差值为 0.05
	面轮廓度	⌓	有或无	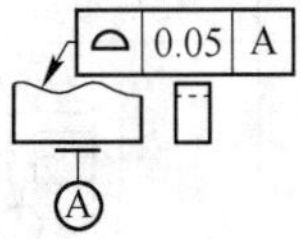 ⌓ 0.05 A	被测轮廓面对 A 基准面的轮廓公差值为 0.05

续表 1-6

分类		特征项目	符号	有无基准	示例	标注含义
位置公差	定向	平行度	∥	有	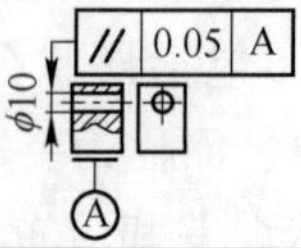	孔 $\phi10$ 轴线对基准 A（平面）的平行度公差为 0.05
		垂直度	⊥	有	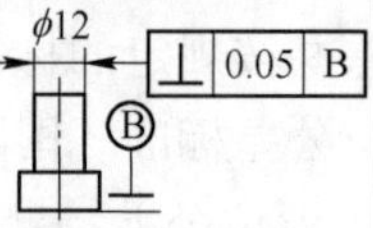	$\phi12$ 轴线（在任意方向上）对基准 B（底面）的垂直度公差为 $\phi0.05$
		倾斜度	∠	有	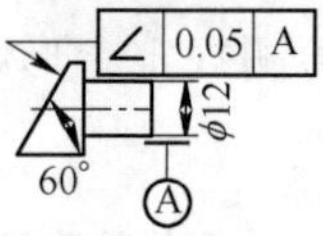	被测倾斜面对 $\phi12$ 轴线的倾斜度公差值为 0.05
	定位	位置度	⌖	有或无	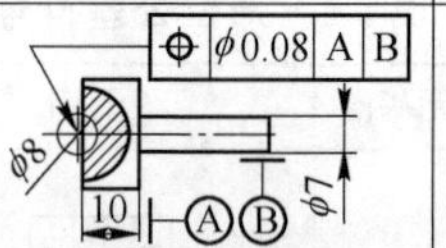	球 $\phi8$ 的球心对基准 A、B 的位置度公差为 $\phi0.08$
		同轴（同心）度	◎	有	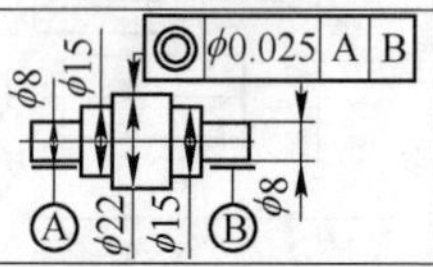	$\phi22$ 轴线与基准 A（$\phi8$ 轴线）和基准 B（$\phi8$ 轴线）的同轴度公差为 $\phi0.025$
		对称度	⌯	有	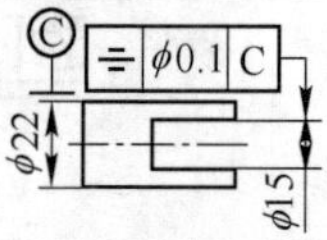	槽的中心平面对基准 C 的对称度公差为 0.1
	跳动	圆跳动 径向圆跳动	↗	有	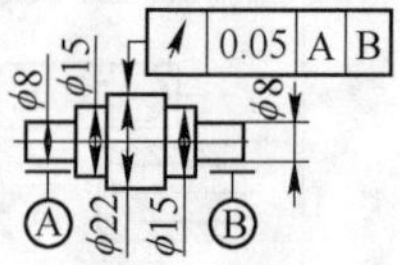	$\phi22$ 圆柱面对基准 A（$\phi8$ 轴线）和基准 B（$\phi8$ 轴线）的径向圆跳动公差为 0.05
		圆跳动 端面圆跳动	↗	有	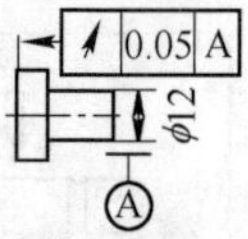	端面对基准 A（$\phi12$ 轴线）的端面跳动公差为 0.05
		圆跳动 斜向圆跳动	↗	有	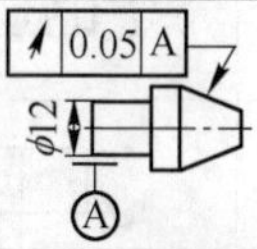	圆锥面对基准 A（$\phi12$ 轴线）的斜向圆跳动公差为 0.05
		全跳动 径向全跳动	⌰	有	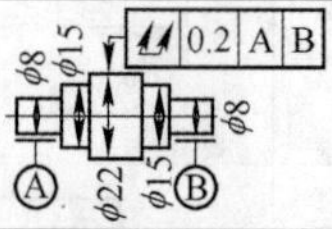	$\phi22$ 圆柱面对基准 A（$\phi8$ 轴线）和基准 B（$\phi8$ 轴线），在公共轴线的径向全跳动公差为 0.2
		全跳动 端面全跳动	⌰	有	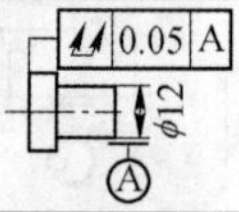	端面对基准 A（$\phi12$ 轴线）的端面全跳动公差为 0.05

加工后的零件会有尺寸公差，因而构成零件几何特征的点、线、面的实际形状或相互位置，与理想几何体规定的形状和相互位置就存在差异，这种形状上的差异就是形状公差，而相互位置的差异就是位置公差，这些差异统称为形位公差（Geometric Tolerances）。

1.7 金工实习管理制度

1.7.1 学生实习守则

金工实习是增强劳动观念，提高学生动手能力、创新能力和增长实践知识，理论联系实际的重要教学环节之一。每个学生必须端正态度，认真实习。学生实习守则包括：

（1）每次实习前，必须根据大纲和实习进度表预习指定的内容，明确每次实习目的、要求、方法和步骤，做好准备工作。

（2）实习时要认真听讲，精心操作，严格遵守安全操作规程、各项规章制度和劳动纪律，不准做与实习无关的事情。

（3）实习期间不迟到、不早退，有特殊情况要事先请假，并经有关指导老师批准后方能有效，无故不参加实习者作旷课处理。

（4）进入实习场地，必须穿好工作服和工作鞋，佩戴好眼镜和帽子，如发现穿裙子、短裤、汗背心、拖鞋和高跟鞋，以及披长发者进入实习场地，一律停止实习。

（5）实习学生要爱护国家财产，保管好实习工具，维护保养好实习机台，注意节约，丢失工具要酌情赔偿。

（6）实习学生必须在指定的机器设备上进行工作，未经许可不得动用他人的设备与工具，不得任意开动车间电门，一旦发生事故，必须保持现场，及时报告有关人员。

（7）坚持文明实习，每天实习结束，要打扫并整理好自己的实习机台、工具和周围环境。

（8）实习学生要通过学习，向生产实践实习，增强动手能力，培养严谨踏实的工作作风和良好的思想素质，达到金工实习的目的。

1.7.2 考勤和劳动纪律制度

考勤和劳动纪律包括：

（1）实习期间，由指导老师对学生进行考勤，无故不参加实习的学生作旷课处理。

（2）学生在实习中请病假，必须以校医院病假证明为准，在实习过程中，学生突发疾病或患病不适合参加某工种实习，经中心认定可以作病假处理。因病假所缺分数，均要补实习后获得，病假满半天及以上的都要补实习。

（3）严格控制请事假，如遇急事需要请事假者，必须提前按学校规定办理批准手续，并向指导教师请假。因事假所缺的实习项目，要在当学期择时补做。

（4）实习学生在实习期间除了上述的病假、事假之外，其无故不参加实习的一律作旷课处理。

1.7.3　实习器材损坏、遗失赔偿制度

实习器材损坏、遗失赔偿制度包括：

（1）凡有丢失、损坏仪器者，必须立即报告，查明原因，管理部门在考虑赔偿时，应根据具体情况具体分析。凡因责任事故造成仪器设备的丢失、损坏，均应赔偿。

（2）对任何损坏遗失行为，实习中心主要负责人有权利和责任执行学校制订的赔偿制度。

（3）对不负责任，事故发生后隐瞒不报，推脱责任，态度恶劣者，应从严处罚；损失重大，后果严重的，除追究经济责任外，还应根据具体情节给予必要的行政处分。

（4）损害精密、贵重稀缺设备器材和其他重大事故，应保护现场，由实习中心管理人员与有关方面人员共同进行审查处理。

（5）赔偿处理的权限为：损失价值在1000元以下者，由实习中心提出处理意见，报学校主管部门审批；损失价值在1000元以上者，应由主管部门作专案处理。

1.8　金工实习安全操作规程

金工实习安全操作规程包括：

（1）学生实习前必须接受安全教育，否则不许进入岗位。操作时每班必须设安全员1名（也可指定班长），负责安全工作。

（2）学生实习必须遵守各实验室、各工种的安全操作规程。

（3）工作前必须穿戴好所训练工种规定的保护用品，不符合要求者不得进行操作，女同学必须戴好工作帽，方可操作。

（4）未得到指导教师的批准，不准擅自更换机床和各设备工具，不得随意启动机床，搬运机床、设备、电器、工量刃具等附件。

（5）机床、设备出了故障或事故应立即停车，保护现场，报告指导教师，不得自行处理。

（6）学生必须听从指导教师的教学安排，必须按指导教师的布置进行操作，

不许做与金工实习无关的事情。

(7) 要保持正常的工作秩序，良好的工作环境，严禁在中心追逐打闹、开玩笑、大声喧哗。

(8) 保持工作场地的整洁，按时打扫卫生，做到安全文明生产。

1.9 金工实习成绩评定

成绩的评定是综合学生各工种理论联系实际进行实习动手能力的体现，以及实习期间的表现。

成绩分为 5 个级别：90~100 为优秀，80~89 为良好，70~79 为中，60~69 为及格，60 以下为不及格。

成绩=平时成绩之和的平均数。其中，平时成绩包括：各工种成绩和创新设计制作成绩。工种成绩由本工种指导老师根据实习作品及实习表现情况进行打分，分值满分 100 分。

分值=实习操作（15 分）+ 实习工件（35 分）+ 实习表现（15 分）+ 实习态度（15 分）+ 实习考勤（10 分）+ 设备保养（10 分）。其分值各部分的评定标准为：

(1) 实习操作。是否按操作流程安全操作，工、夹、量具是否正确使用等。

(2) 实习工件。外形及尺寸、毛刺、表面粗糙度等是否符号要求。

(3) 实习表现。操作者是否穿戴整齐，不离岗，不粗暴操作等。

(4) 实习态度。是否认真对待，用心学习，独立完成等。

(5) 实习考勤。不迟到，不早退，不旷课等。

(6) 设备保养。打扫设备卫生、场地卫生、量具保养情况等。

声明：秉着为学生实习安全考虑，确保每位学生都能知晓安全第一，教学为主的原则。此份《金工实习安全承诺书》，每位实习学生在进入实习前，必须由本人亲自签署，且在实习的第一天上交给带队的实习队长老师。希望每位学生都能够认真领会并做到，如果未签署上交的不得进入金工实习场地进行实习。

金工实习安全承诺书

我在入校时已经认真学习了《学生手册》，参加《金工实习概论》学习，已知晓金工实习相关安全要求。在金工实习中心实习实训期间承诺：

（1）在实习教师指导下，掌握相关工种安全操作规程，严格遵守各实训工种（项目）设备安全操作规程；

（2）不穿背心、短裤（裙子）、拖鞋（高跟鞋）进入实训区；

（3）不在金工中心任何地点吸烟（门口、厕所、楼梯、车间）；

（4）不在金工中心内饮食；

（5）实训期间不做与实训无关的事情，包括：不玩手机，不闲聊，不打闹，不脱岗串岗等；

（6）不戴手套操作旋转加工机床设备，长发束紧在工作帽内；

（7）未经教师允许不擅自开动机床，开动机床（电器设备）前提醒同伴注意；

（8）不在危及自己或他人安全的情况下违章作业；

（9）不占用、阻塞实训区域的安全通道。

在实习期间，我承诺遵守安全规范。若违反安全承诺造成事故，我将承担全部责任。

承诺人（签字）：　　　　　　　　　　　　日期：

学院、班级：　　　　　　　　　　　　　　学号：

扫一扫下载“金工实习安全承诺书”

2 普 通 车 工

扫一扫免费观看视频讲解

车工包括普通车床操作工和数控车床操作工，本章主要讲解普通车床的操作。普通车工是指用普通车床加工零件的设备。车床是利用工件的旋转和刀具的直线（或曲线运动）来加工工件的，可以车削外圆、内圆、端面、切断、切槽、内外圆锥、各种螺纹、滚花和成型面等。如果在车床上安装其他附件和夹具，还可以进行镗削、磨削、研磨、抛光和加工各种复杂零件的内外圆等。

2.1 普通车床型号及操作

机床均用汉语拼音字母和数字按一定规律组合进行编号，用以表示机床的型号、主要规格和参数。以 CA6136 型车床为例，字母与数字的含义为：

C 类代号（车床类）；

A 结构特性代号；

6 组代号（落地及卧式车床组）；

1 系代号（卧式车床系）；

36 主参数折算值（床身上最大回转直径的 1/10）。

2.1.1 车床的组成及传动

车床由床身、床头箱、进给箱、溜板箱、刀架和尾座等组成。CA6136 型车床的传动系统如图 2-1 所示。

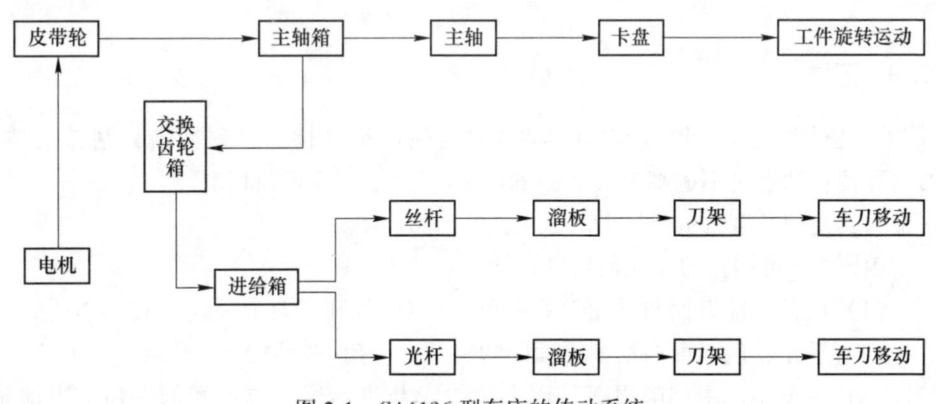

图 2-1 CA6136 型车床的传动系统

2.1.2 车床基本操作

2.1.2.1 车床的启动操作说明

在启动车床前必须检查各变速手柄是否处于安全位置，离合器是否处于正确位置，操纵杆是否处于停止状态等。在确定无误后，方可合上电源，开始操纵车床。

特别注意的是，变速必须先停机。

2.1.2.2 溜板箱操作说明

溜板箱操作说明包括：

（1）床鞍的纵向移动由溜板箱正面的大手轮控制，顺时针床鞍向右运动，逆时针床鞍向左运动。大手轮的刻度一般每小格 1mm，每转 1 小格表示纵向移动 1mm。

（2）中滑板控制横向移动，顺时针滑板向远离操作者运动（即横向进刀），逆时针滑板向靠近操作者运动（即横向退刀）。中滑板刻度一般每小格 0.02mm，每转 1 小格表示横向移动 0.02mm。但特别注意，加工工件的实际工件直径是切割双向量，因此每进 1 小格 0.02mm，直径值切割掉 0.04mm。

（3）小滑板可以作短距离纵向移动，小滑板的刻度一般每小格 0.02mm，每转 1 小格表示纵向移动 0.02mm。

注意：大、中、小滑板手柄的转动中，正、反向是有间隙的，当进刀出现多了一点时，不能简单回退，一定要回转半圈左右，消除间隙后重新进刀。

2.1.2.3 进给箱操作说明

根据车床铭牌表调整各手柄位置来取得不同的进给量。

2.2 相关基础知识及例子

2.2.1 刀具

刀具材料为高速钢（W18Cr4V2）。其优点是韧性好，耐冲击，制造简单，刃磨方便；缺点是不耐高温（500~600℃），只能用于低速切削。

刀具几何角度（90°外圆车刀）如图 2-2 所示。

由图 2-2 可知，刀具几何角度包括：

（1）前角，前刀面与基面间的夹角。在 90°外圆车刀中一般取 15°~20°。

（2）后角，后刀面与切削平面间的夹角。后角一般取 5°~8°。

（3）主偏角，主切削刃在基面上的投影与进给运动方向间的夹角。主偏角一般取90°~93°。

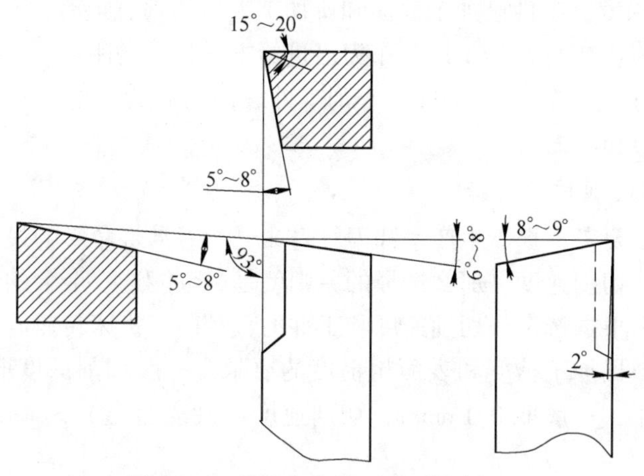

图 2-2 刀具几何角度（90°外圆车刀）

（4）副偏角，副切削刃在基面上的投影与背离进给运动方向间的夹角。副偏角一般取 6°～8°。

（5）刃倾角，主切削刃与基面间的夹角。有正值、负值、0° 3 种情况。

2.2.2 车刀的安装

安装要求包括：

（1）车刀装夹在刀架上的伸出长度应该尽量短，以增强其刚性。

（2）车刀底下的垫片数量应尽量少（用厚垫片），并放整齐。

（3）车刀刀尖应与车床主轴中心等高。

安装方法包括：

（1）根据车床尾座顶尖的高度装刀。

（2）根据主轴中心高，用刚直尺测量装刀。

（3）目测法，试车端面，根据凸台端面情况来调整垫片厚度。

2.2.3 工件的安装

工件安装时需要注意：

（1）伸出不能太长，影响装夹刚性。

（2）装夹必须牢固可靠，防止工件飞出伤人，必要时用加力杆夹紧。

（3）装夹毛坯工件时注意找正夹紧。

2.2.4 切削用量（切削三要素）

2.2.4.1 切削用量定义

切削用量包括：

（1）切削深度。工件已加工表面和待加工表面的垂直距离。

（2）进给量。工件每转 1 周，车刀沿进给方向移动的距离。

（3）切削速度。车刀在 1min 内车削工件表面切屑的理论展开直线长度（假设切屑没有变形和收缩）。

2.2.4.2　切削用量选择

粗车时，主要考虑提高生产率和刀具寿命，对刀具寿命影响最小依次是切削深度、进给量和切削速度。那么选择的原则就是尽可能选一个大的切削深度和大的进给量，最后根据选定的切削速度和工件的直径确定机床转速。

精车时，根据加工精度和表面粗糙度的要求，一般切削深度取 0.1～0.2mm 进给量尽可能小，一般取 0.1mm/r，切削速度（硬质合金）>80m/min，（高速钢）<5m/min。

2.2.5　手动车端面、外圆和阶台的方法

2.2.5.1　手动车端面

手动车端面的 3 种方法（利用小滑板或床鞍来控制切削深度）如图 2-3 所示。

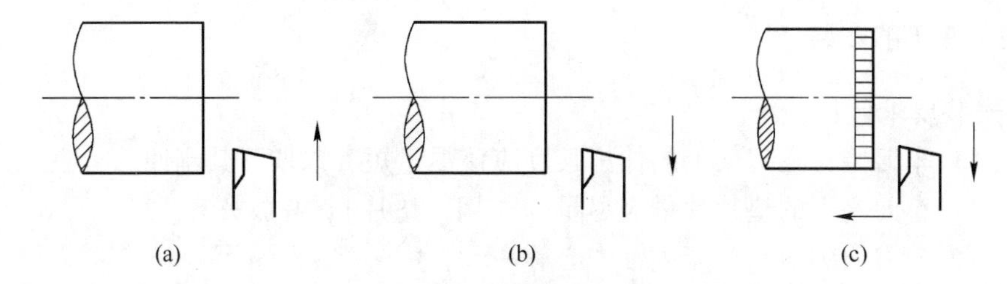

图 2-3　手动车端面的 3 种方法

（a）由工件外缘向中心进给；（b）由工件中心向工件外缘进行；（c）分层综合进给车削

由图 2-3 可知，手动车端面的 3 种方法包括：

（1）车刀由工件外缘向中心进给。其中，如果用高速钢车刀，车削吃刀量应尽量小。

（2）车刀由工件中心向工件外缘进给。（微量进给）

如果切削深度太大，刀尖容易磨损。其中，用高速钢车刀车削一般切削深度小于 0.2mm。

（3）分层综合进给车削（余量较大）。对于余量较大的端面，采取先纵向车削（留精车余量 0.2mm 左右），最后由中心向外缘横向精车端面。

车端面容易产生的问题包括：

（1）端面留有凸头。造成该问题的主要原因是：刀尖没有对准工件旋转中心，或选择的进给量太大造成刀尖严重磨损。

（2）端面和工件轴线不垂直。造成该问题的主要原因是：装刀时主偏角小

于 90°，或中滑板斜铁间隙太大。

（3）表面粗糙度超差。造成该问题的主要原因是：切削用量选择不当，或刀具磨损。

2.2.5.2 手动车外圆

手动车外圆是利用大拖板或小滑板进行车削。其操作步骤包括：

（1）对刀。利用大拖板或小滑板配合中滑板移动刀具轻轻碰工件端面，然后将刻度盘置零。

（2）根据长度换算成转盘格数。（长度/大拖板或小滑板每格代表值）。

（3）试车削试测量。纵向进给约 2mm 时，保持横向不动，纵向退刀至安全距离，停机测量，根据测量结果来调整进刀量。

（4）车削。根据长度换算成转盘格数转动转盘到所需长度。其中，转动时必须均匀、连续，中途不能停顿。

（5）退刀、停机。纵向退刀到安全地带，停机。

（6）测量。用游标卡尺测量。

2.2.5.3 手动车阶台

手动车阶台的操作步骤和手动车外圆基本一样。其不同的是阶台长度必须分粗车和精车。车阶台容易出现以下问题：

（1）阶台根部有小台阶。造成该问题的主要原因是精车不到根部。

（2）阶台根部有圆弧。造成该问题的主要原因是刀尖圆弧过大或刀尖磨损。

（3）阶台平面和工件轴线不垂直。造成该问题的主要原因是主偏角小于 90°。

2.3 实训零件图及其工艺（中等 *m* 级）

阶台轴如图 2-4 所示。

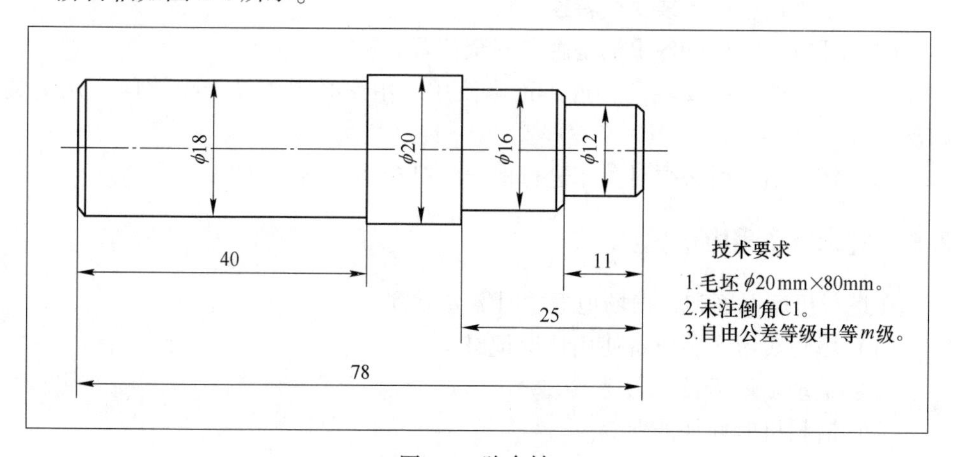

图 2-4 阶台轴

2.3.1 工艺分析

工艺分析主要包括：

(1) 零件形状和位置精度要求。

(2) 零件的安装工艺要求。

2.3.2 加工工艺

加工工艺主要包括：

(1) 粗车 ϕ20 外圆到 ϕ20.5；

(2) 粗车 ϕ18 外圆到 ϕ18.5；

(3) 精车合格 ϕ20 外圆，保证 55 长度；

(4) 精车合格 ϕ18 外圆。保证 40 长度；

(5) 倒角 1×45°；

(6) 调头，用砂布包夹 18 外圆；

(7) 取合格 78 总长；

(8) 分别粗车 ϕ16 和 ϕ12 外圆，留 ϕ0.5 余量；

(9) 分别精车 ϕ16 和 ϕ12 外圆合格，保证 25 和 10 长度；

(10) 倒角 1×45°；

(11) 检查。

2.4 操作注意事项

操作注意事项包括：

(1) 车床操纵练习要严格遵守安全操作规程。

(2) 主轴运转中严禁变换转速。

(3) 开机前要检查各手柄是否在安全位置。

(4) 量具的使用要轻拿轻放，正确使用，用完必须擦拭干净放回专用量具和盒。

(5) 实习结束后必须对车床进行保养，打扫实习场地卫生。

2.5 机床保养和场地卫生

在进行机床保养和打扫场地卫生时需要做到：

(1) 填写实习实验设备使用情况记录本。

(2) 整理工量刃具。

(3) 清扫机床并加油保养。

(4) 打扫实习场地卫生。

普通车削练习图参考如图2-5所示。

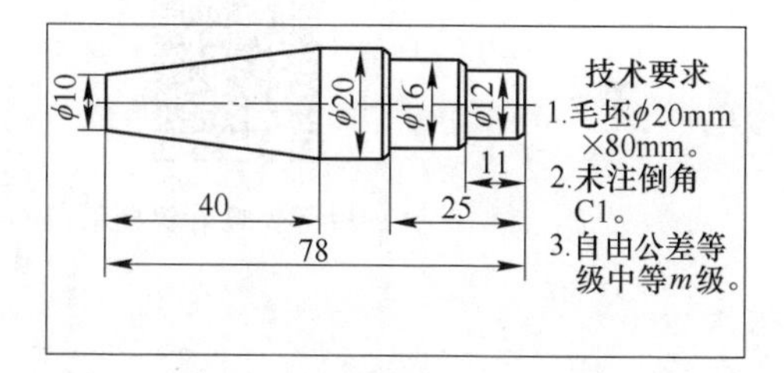

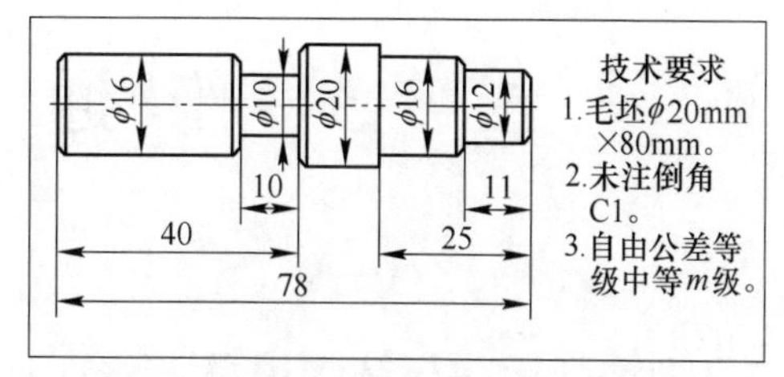

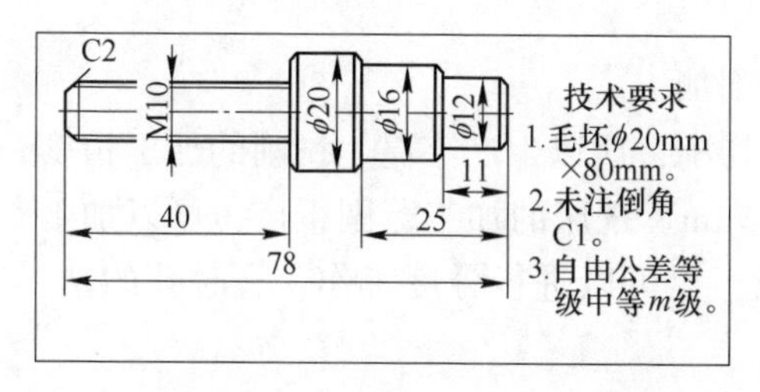

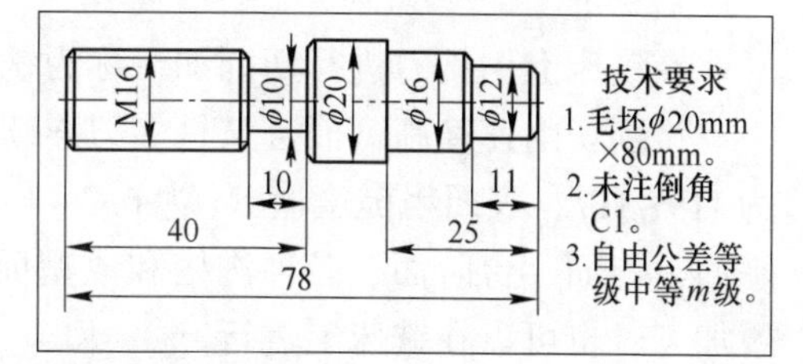

图2-5 车削练习图

3 普 通 铣 工

扫一扫免费观看视频讲解

3.1 铣削运动与铣削用量

在铣床上用铣刀进行切削加工称为铣削加工。

铣削切削速度高，而且又是多刃连续切削，所以生产率高。铣削的加工精度为IT9~IT7，表面粗糙度值 Ra 为 6.3~1.6μm。铣床的加工范围很广，可以加工平面、斜面、台阶面、各种沟槽和成型面，也可以进行分度工作。有时孔的钻、镗加工，也可以在铣床上进行。

3.1.1 顺铣、逆铣的优缺点

在切削部位刀齿的旋转方向和工件的进给方向相同时称为顺铣，相反时称为逆铣。逆铣时，每个刀齿的切削厚度是从零增大到最大值。由于铣刀刃口处总有圆弧存在，而不是绝对尖锐的，所以在刀齿接触工件的初期，不能切入工件，而是在工件表面上挤压、滑行，使刀齿与工件之间的摩擦加大，加速了刀具磨损，同时也使表面质量下降。顺铣时，每个刀齿的切削厚度是从最大值减少到零，从而避免了上述缺点。

逆铣时，铣削力上抬工件；而顺铣时，铣削力将工件压向工作台，减少了工件振动的可能性。尤其在铣削薄而长的工件时，更为有利。

3.1.2 主体运动和进给运动

各种机床进行切削加工时，工件与刀具之间应具有一定的相对运动，即切削运动。根据在切削过程中所起的作用，切削运动可分为主运动和进给运动。铣削时刀具作快速的旋转运动叫作主运动；工件作缓慢的直线运动叫作进给运动。

在切削过程中，主运动是提供切削可能性的运动，没有这个运动就无法进行切削。在切削过程中，主运动是速度最高、消耗动力最多的一个运动。

3.1.3 铣削三要素

铣削三要素包括：

（1）铣削速度 V。铣削速度即为铣刀最大直径处的线速度，其计算公式为：

$$V = \pi DN/1000(\mathrm{m/min}) \tag{3-1}$$

式中 D——铣刀直径，mm；

N——主轴（铣刀）每分钟的转数，r/min。

由式（3-1）可知，主轴（铣刀）转速 $N=1000V/\pi D$。

（2）进给量。铣削进给量有3种表示方法：

1）每转进给量 f(mm/r)，是指铣刀每转1转，工件沿进给方向所移动的距离。

2）每齿进给量 af(mm/z)，是指铣刀每转过1个刀齿时，工件沿进给方向所移动的距离。

3）进给速度 Vf(mm/min)，是指铣刀每转1min，工件沿进给方向所移动的距离。

其中，这3种进给量相互关联，但用途有所不同。每齿进给量是进给量选择的依据，每转进给量反映了进给量与铣刀转速之间的对应关系，而每分钟进给量则是调整机床的使用数据。在实际生产中，按每分钟进给量来调整机床进给量的大小。上述3种进给量的关系为：

$$Vf = f \times n = af \times z \times n \tag{3-2}$$

式中 n——铣刀每分钟转数，r/min；

z——铣刀齿数。

（3）切削深度，是指待加工表面与已加工表面之间的距离。

3.1.4 合理选择切削用量

选用较小的切削深度和进给量可减少残留面积，使 Ra 的值减小。粗加工时，应选择大的切削深度，合适的进给量，较小的切削速度；精加工时，应选择大的切削速度，合适的切削深度及小的进给量。这样才能获得高的加工精度和表面粗糙度。

3.2 铣床及附件

3.2.1 铣床的分类

在现代机器制造中，铣床约占金属切削机床的25%左右。铣床的种类很多，常用的是卧式升降台铣床、立式升降台铣床、龙门铣床、数控铣床和工具铣床等。

3.2.2 型号的含义

在X6132中，字母与数字的含义为：

（1）X，代表铣床；

（2）6，代表使卧式铣床；

（3）1，代表万能升降台铣床；

（4）32，代表工作台宽度的1/10。

X6132的旧编号为X62W。其中，2指的是2号工作台。

在X5025A中，字母与数字的含义为：

（1）X，代表铣床；

（2）5，代表立式铣床；

（3）0，代表立式升降台铣床；

（4）25，代表工作台宽度的1/10；

（5）A，代表一次重大改进。

其中，X5025A的旧编号为X51。

如图3-1所示，立式铣床安装主轴的部分称为铣头。铣头与床身连成整体，称为整体式立式铣床，其主要特点是：刚性好，宜采用较大的切削用量；可根据加工需要，将铣头主轴相对于工作台台面扳转一定的角度，使用灵活方便，生产中应用较多。

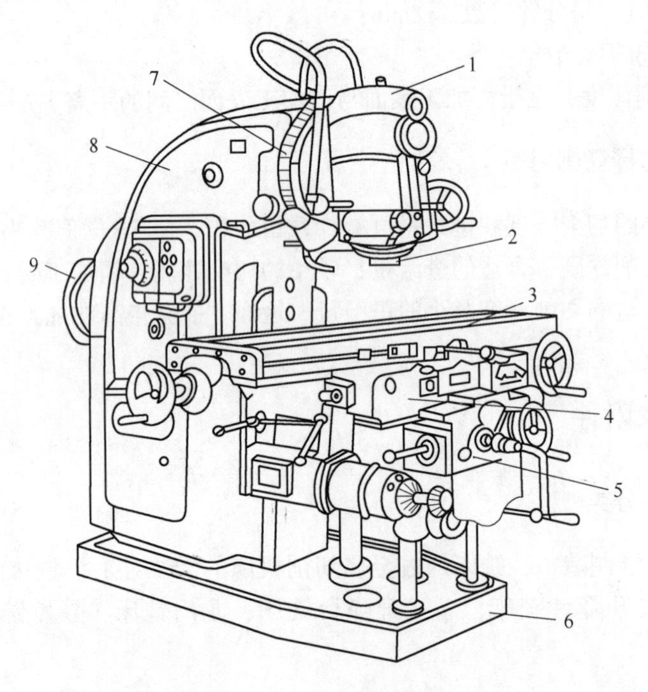

图3-1　立式铣床结构示意图

1—铣头；2—主轴；3—工作台；4—横向工作台；5—升降台；6—底座；
7—主轴头架旋转刻度；8—床身；9—电动机

立式铣床与卧式铣床的区别为：立式铣床的主轴是垂直于水平面的，而卧式铣床的主轴是平行于水平面。

3.2.3 铣床的主要附件

铣床的主要附件有平口钳、回转工作台、分度头、立铣头和万能立铣头等。以下分别对铣床的主要附件进行介绍。

3.2.3.1 平口钳

如图3-2所示，平口钳主要由底座、钳身、固定钳口、活动钳口、钳口铁和螺杆所组成。它主要用来安装小型较规则的零件，如板块类零件、盘套类零件、轴类零件和小型支架等。

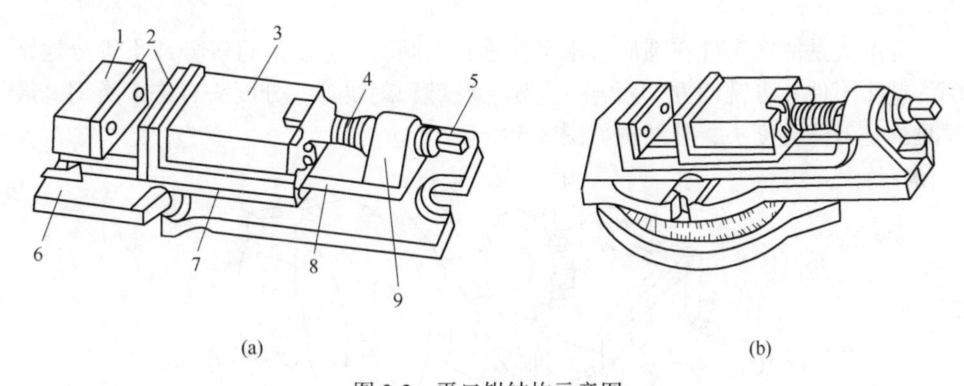

图3-2 平口钳结构示意图

(a) 固定式平口钳；(b) 回转式平口钳

1—固定钳口；2—钳口铁；3—活动钳口；4—丝杠；5—方头；6—钳体；7—压板；8—导轨；9—支座

3.2.3.2 回转工作台

回转工作台一般用于较大零件的分度工作和非整圆弧面的加工。回转工作台如图3-3所示，回转工作台上的铣图弧槽如图3-4所示。

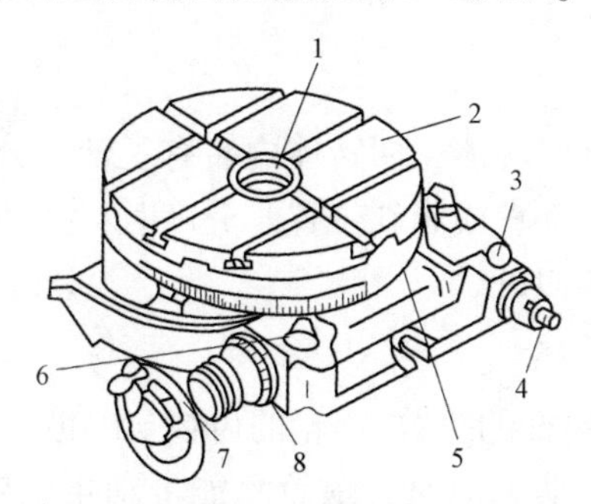

图3-3 回转工作台结构示意图

1—定位孔；2—转台；3—离合器手柄；4—传动轴；5—挡铁；6—螺母；7—手轮；8—偏心环

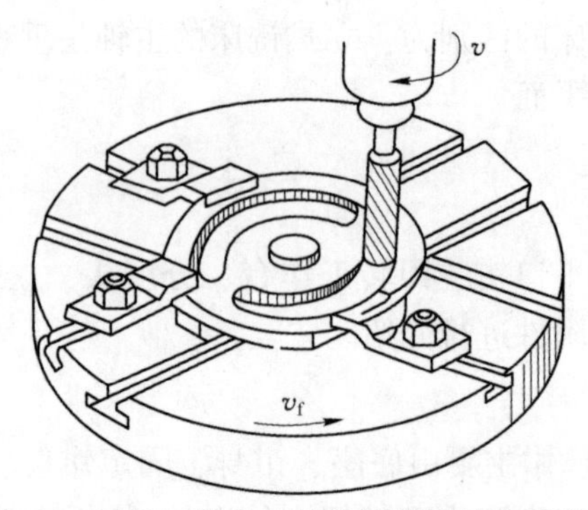

图 3-4　回转工作台上的铣圆弧槽结构示意图

3.2.3.3　分度头

分度头是能对工件在圆周、水平、垂直、倾斜方向上进行等分或不等分地铣削的铣床附件，可铣四方、六方、齿轮、花键和刻线等。分度头有许多类型，最常见的是万能分度头，其结构如图 3-5 所示。

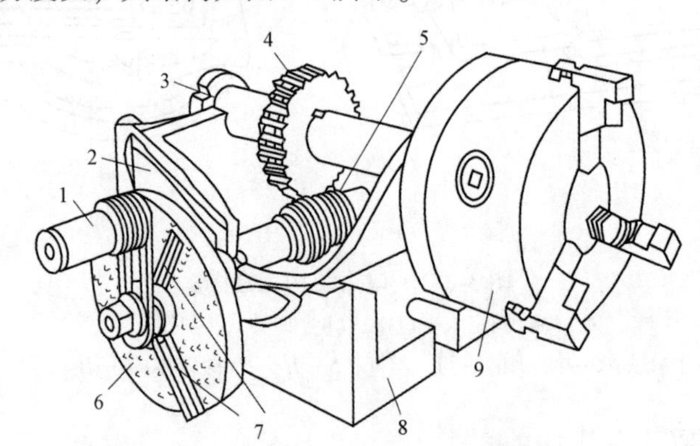

图 3-5　万能分度头结构示意图

1—分度手柄；2—回转体；3—分度头主轴；4—40 齿蜗轮；5—单线蜗杆；6—分度盘；7—扇脚；8—基座；9—三爪卡盘

A　分度头的结构

分度头的基座上装有回转体，回转体内装有主轴。分度头主轴可随回转体在铅垂平面内扳动成水平、垂直或倾斜位置。分度时，摇动分度头手柄，通过蜗轮蜗杆带动分度头主轴旋转即可。

B　分度头的传动系统

分度头的传动比 i=蜗杆的头数/蜗轮的齿数=1/40。当手柄通过速比为 1∶1 的一对直齿轮带动蜗杆传动 1 周时，蜗轮只能带动主轴转过 1/40 周。如果工件整个圆周上的等分数 Z 为已知，则每 1 等分要求分度头主轴转 $1/Z$ 圈。这时，分度手柄所需转的圈数 N 的计算公式为：

$$1:40=(1/Z):N \tag{3-3}$$

即

$$N=40/Z \tag{3-4}$$

式中 N——手柄每次分度时的转数；

Z——工件的等分数；

40——分度头的定数，即蜗轮的齿数。

C 分度头的分度方法

分度头分度方法有角度分度法、简单分度法和差动分度法等。角度分度法是利用分度头主轴轴颈上的刻度来分度的。

简单分度方法分度时需利用分度盘，分度头常备有两块分度盘，其两面各有许多孔数不同的等分孔圈。第一块正面各圈孔数为：24，25，28，30，34，37；反面各圈孔数为：38，39，41，42，43。第二块正面各圈孔数为：46，47，49，51，53，54；反面各圈孔数为：57，58，59，62，66。

式（3-4）即为简单分度法计算转数的公式。

如图3-6所示，例如铣削六方螺栓时，每铣一个面，手柄转数为 $N=40/6$，即6圈加上4/6圈，即每加工1面，手柄需转过6圈加上4/6圈，这4/6圈则须通过分度盘来控制。简单分度时，分度盘固定不动，此时应将手柄上的定位销调整到孔数为6的倍数（如孔数为24）的孔圈上。每次加工1面手柄转过6周后，再转过16孔距即可。

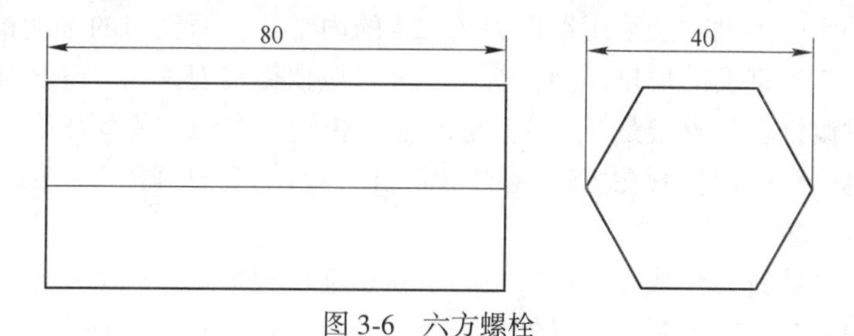

图3-6 六方螺栓

3.3 铣刀

铣刀是一种多刃刀具。在铣削时，每个刀刃不像车刀和钻头那样连续地进行工作，而是每转中只参加一次切削，其余大部分时间处于停歇状态，因此有利于散热，因此生产效率较高。

3.3.1 铣刀的种类和用途

铣刀的分类方法很多，这里仅根据铣刀装夹方法的不同分为两大类，即带孔铣刀和带柄铣刀。带孔铣刀多用在卧式铣床上，带柄铣刀多用在立式铣床上。带柄铣刀又分直柄铣刀和锥柄铣刀。常用的带孔铣刀有圆柱铣刀、圆盘铣刀、角度铣刀和成形铣刀等；常用的带柄铣刀有立铣刀、键槽铣刀、T 型槽铣刀和镶齿端铣刀等。

3.3.2 制作铣刀的材料

常用的铣刀材料有高速钢和硬质合金 2 种。高速钢是高碳合金刃具钢，有多种化学成分系列。常用的是钨系高速钢，典型牌号为 W6Mo5Cr4V2。高速钢的允许工作温度为500～600℃，它广泛用于制造形状复杂的中速切削刀具，如铣刀、齿轮、滚刀、齿轮插刀、麻花钻和各种成型刀具。其缺点是制造工艺复杂，价格昂贵。硬质合金不是合金钢，而是粉末冶金材料，它具有比高速钢高得多的硬度以及更高的工作温度（800～900℃），允许切削速度为 100～300m/min。缺点是抗弯强度和韧性较差。硬质合金又分钨钴类和钨钛类 2 种。

3.3.3 铣刀的安装

3.3.3.1 带孔铣刀的安装

在卧式铣床上多使用刀杆安装刀具，刀杆的一端为锥体，装入机床前端的锥体中，并用拉杆螺丝穿过机床主轴将刀杆上尽量靠近主轴的前端，以减少刀杆的变形。

3.3.3.2 带柄铣刀的安装

常用铣床的主轴一般采用锥度为 7∶24 的内锥孔，而铣刀的锥柄锥度为莫氏锥度。由于 2 种锥度的规格不同，所以安装时应根据铣刀锥柄尺寸选择合适的过度锥套。过渡锥套的外锥是 7∶24，与主轴孔相配，内锥与锥柄配合，用拉杆将铣刀及过渡锥套一起拉紧在主轴端部的锥孔内。直柄铣刀直径一般很小，多用弹簧夹头进行安装。

其中，多数铣刀作成螺旋齿形是为了在切削过程中减少震动和获得比较高的工件表面粗糙度，以及延长刀具使用寿命。

3.3.4 安全注意事项

安装铣刀时一定要注意安全，要把主轴电机停止，切断电源，然后把铣刀安装好，否则会划伤手指，甚至会出现危险。

3.4 铣削平面、斜面和台阶面

3.4.1 铣平面

圆柱铣刀有直齿和螺旋齿两种。用螺旋齿圆柱铣刀铣削时，刀齿逐渐切入和切出，切削比较平稳。圆柱铣刀一般只用于铣削水平面。

当铣刀的旋转方向的切线方向与工件的进给方向相反时叫逆铣，相同时叫顺铣。

铣削时的操作步骤包括：

（1）开车使铣刀旋转，升高工作台使工件和铣刀稍微接触。

（2）纵向退出工件，停车。

（3）先将垂直丝杆刻度盘对准零线，再按铣削深度，升高工作台到规定位置。

（4）开车先手动进给，当工件被稍微切入后，可改为自动进给。

（5）铣完一刀后，停车。

（6）退回工作台，测量工件尺寸，并观察表面粗糙度，重复铣削到规定要求。

用端铣刀铣平面多采用镶有硬质合金刀头在立式铣床上铣水平面，也可以在卧式铣床上铣垂直面。

3.4.2 铣斜面

工件上具有斜面的结构很常见，常用的斜面铣削方法有以下3种：

（1）转动工件。此方法是把工件上被加工的斜面转动到水平位置，垫上相应的角度垫铁夹紧在铣床工作台上。在圆柱和特殊形状的零件上加工斜面时，可利用分度头将工件转成所需位置进行铣削。

（2）转动铣刀。此方法通常在装有立铣头的卧式铣床或立式铣床上进行，将主轴倾斜所需角度，因而可使刀具相对工件倾斜一定角度来铣削斜面。

（3）用角度铣刀铣斜面。对于一些小斜面，可用适合的角度铣刀加工，此方法多用于卧式铣床上（见图3-7）。

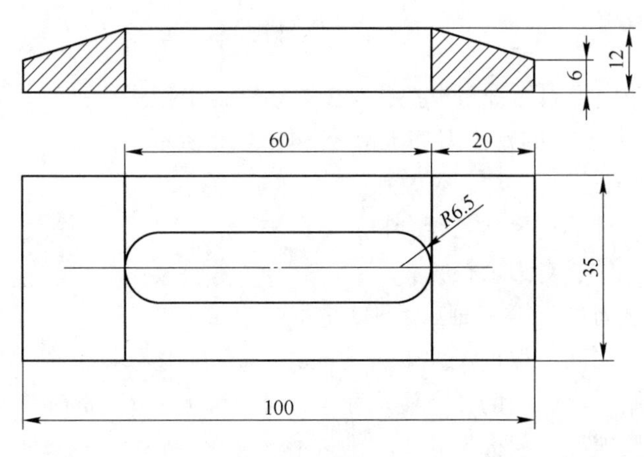

图3-7 斜面体

3.4.3 铣台阶面

铣台阶面主要包括：

(1) 用盘铣刀铣台阶面。在卧式铣床上可以用盘铣刀铣台阶面。

(2) 用立铣刀铣台阶面。在立式铣床上可以用立铣刀铣台阶面。

(3) 用组合铣刀铣台阶面。如果大批量生产，可以用组合铣刀铣台阶面。

3.5 铣削平面加工实例

如图 3-8 所示的毛坯图和成品图，毛坯为 ϕ20mm×165mm 的圆棒料，加工成四方条为 14mm×14mm×160mm 的成品零件。

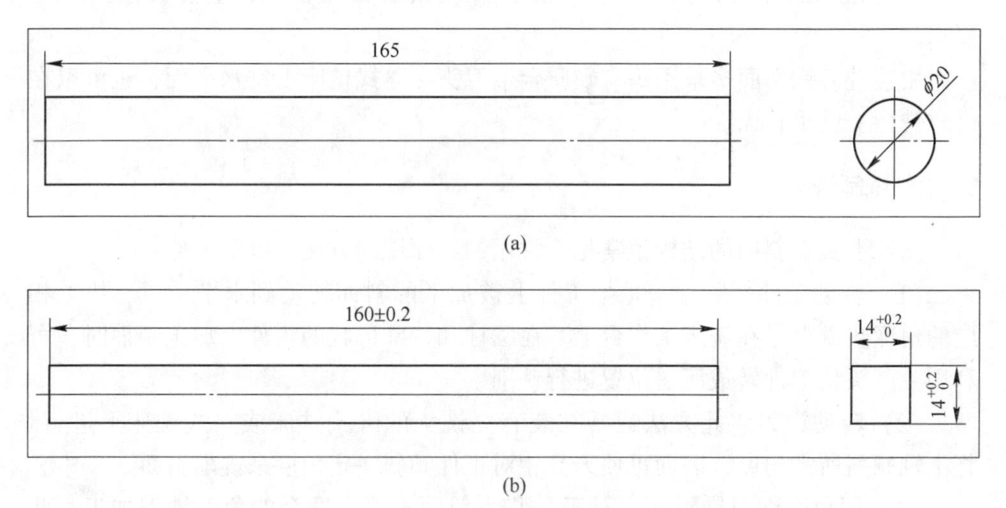

图 3-8　毛坯图和成品图

(a) 毛坯图；(b) 成品图

加工工艺路线可用面铣刀 1 把，ϕ12 的立铣刀 1 把进行加工。面铣刀加工部分如图 3-9 所示；ϕ12 的立铣刀加工部分如图 3-10 所示。

其中，加工工艺路线时，应做到：

(1) 检查工件毛坯尺寸是否合格；

(2) 装夹工件、对刀、校核；

(3) 用面铣刀加工第一面，保证 17mm±0. 2mm；

(4) 加工第二面，保证尺寸 $14^{+0.2}_{0}$ mm，达到技术要求；

(5) 加工第一、二面的任意棱边面，保证 17mm ±0. 2mm；

(6) 加工第四面，保证尺寸 $14^{+0.2}_{0}$ mm；

(7) 换 ϕ12 的立铣刀，铣削左端面平整；

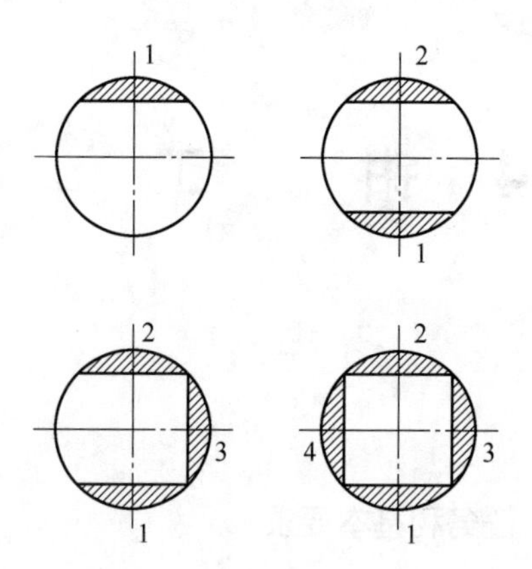

图 3-9 面铣刀加工图

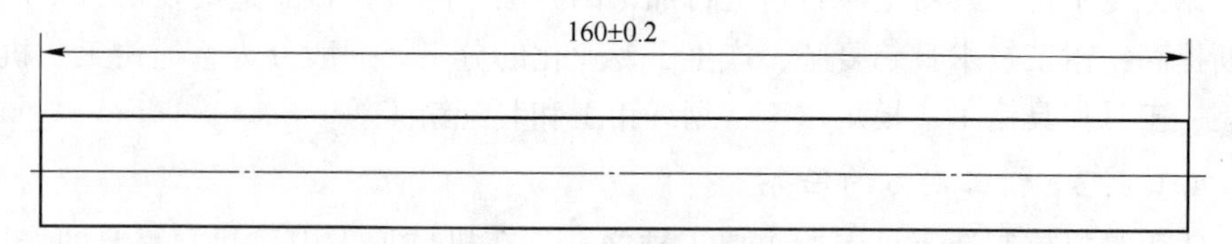

图 3-10 立铣刀加工图

(8) 铣削右端面保证 160mm±0. 2mm 尺寸;

(9) 锐边去除毛刺;

(10) 工件面上用记号笔写上名字, 上交工件。

4 钳 工

4.1 概述

4.1.1 钳工实习的性质、任务和基本要求

4.1.1.1 钳工实习的性质

钳工是手持工具对金属材料进行加工的方法。随着机械制造的发展，生产率不断提高，钳工技术日趋复杂，产生了专业化的分工。一般分为普通钳工、机修钳工、工具夹具钳工、模具钳工、划线钳工和装配钳工等。

4.1.1.2 钳工实习的任务

钳工是机械制造工厂中的主要工种之一。在机械加工中，起着重要的作用，其主要任务是对产品进行零件加工和装配。此外，还担负机械设备的维护和修理等工作。

4.1.1.3 钳工实习的基本要求

钳工实习的基本要求包括：

（1）正确使用和维护保养常用设备；

（2）正确使用和维护保养常用工量具；

（3）根据被测工件的精度要求，合理选择测量工具；

（4）掌握钻头、刮刀、錾子、样冲、划针、划规等工具的刃磨方法；

（5）掌握划线、錾削、锯削、锉削、钻孔、扩孔、铰孔、攻螺纹、套螺纹、刮削、研磨和装配等基本操作技术；

（6）严格遵守安全技术操作规程。

4.1.2 传统钳工的基本特点

传统钳工的基本特点包括：

（1）钳工工具简单，制造和刃磨方便，成本低。

（2）钳工大部分是手持工具进行操作，加工灵活、方便。能够加工开头复杂、质量要求较高的零件。

（3）钳工劳动强度大，生产率低，对工人技术水平要求较高。

4.1.3 钳工实习的安全技术与实习纪律

钳工实习的安全技术与实习纪律包括：

（1）工作时应穿工作服，男女生留长发者必须戴工作帽。

（2）钳台应安装在光照适宜和便于工作的地方，钳台中间应装防护网。

（3）钻床应安装在钳工工作场地的边缘。

（4）砂轮机应与钳工工作场地隔离安装。

（5）爱护设备及工具和量具，工量具摆放整齐，取用方便，不许堆放，以防损坏。对损坏和丢失的工量具要折价赔偿。

（6）操作者要在指定岗位进行操作，不得串岗。

（7）操作钻床时，不准戴手套。

（8）遵守劳动纪律，不准迟到早退。

（9）认真遵守安全操作规程。

（10）每天安排值日生搞卫生。

（11）由专人负责跟指导老师进行工量具的借用和交接工作。

4.2 钳工的工作范围和主要设备

4.2.1 钳工的工作范围及主要内容

4.2.1.1 钳工的工作范围

钳工的工作范围包括：

（1）机械加工前的准备工作，如清理毛坯表面，在工件上划线等。

（2）在单件或小批生产中，制造一般的零件。

（3）在加工精密零件，如锉样板、刮削或研磨机器零件和量具的配合表面等；

（4）装配、调试和修理机器等。

4.2.1.2 主要内容

对于普通钳工来说，其工作的主要内容包括划线、錾削、锉削、锯削、钻孔、扩孔、锪孔、铰孔、攻螺纹、套螺纹、矫正、弯形、铆接、刮削、研磨和装配等。大部分工作是在虎钳或钳工工作台上进行的。

4.2.2 钳工的常用设备

钳工的常用设备包括：

（1）钳台；

（2）台虎钳种类、规格、构造；

（3）砂轮机；

（4）平口虎钳；

（5）台钻。

4.3　划线、锯削和锉削

4.3.1　划线

根据图样要求在毛坯或半成品上划出加工图形、加工界限或加工时找正用的辅助线称为划线。划线分平面划线和立体划线两种，本节重点介绍平面划线。

平面划线是在零件的一个平面或几个互相平行的平面上划线，如图 4-1 所示；立体划线是在工作的几个互相垂直或倾斜平面上划线，如图 4-2 所示。

划线多数用于单件、小批生产，新产品试制和工、夹、模具制造。划线的精度较低，用划针划线的精度为 0.25~0.5mm；用高度尺划线的精度为 0.1mm 左右。

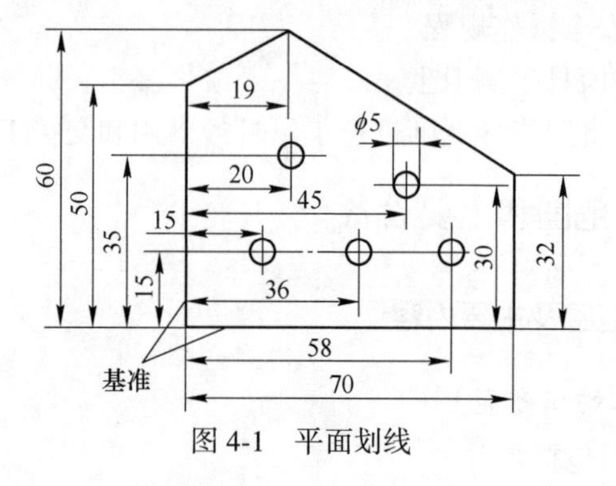

图 4-1　平面划线

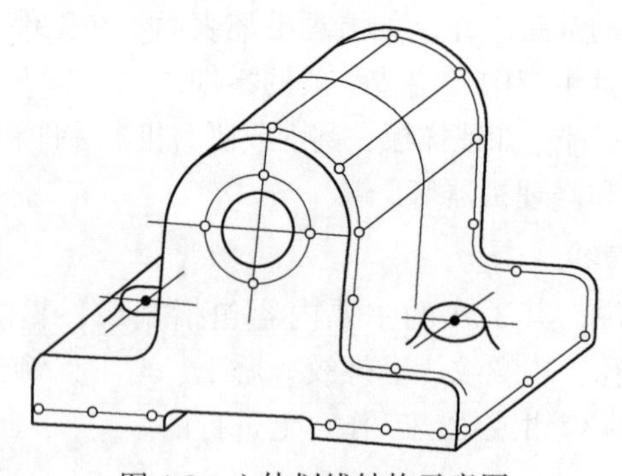

图 4-2　立体划线结构示意图

4.3.2　划线的目的及工量具

4.3.2.1　划线目的

划线目的包括：

（1）划出清晰的尺寸界线以及尺寸与基准间的相互关系，既便于零件在机床上找正、定位，又使机械加工有明确的标志。

（2）检查毛坯的形状与尺寸，及时发现和剔除不合格的毛坯。

（3）通过对加工余量的合理调整分配（即划线“借料”的方法），使零件加工符合要求。

4.3.2.2　划线工具

划线工具包括：

（1）划线平台。划线平台又称划线平板，用铸铁制成，它的上平面经过精刨或刮削，是划线的基准平面。

（2）划针、划线盘和划规。划针是在零件上直接划出线条的工具，如图 4-3 所示。划线盘如图 4-4 所示，它的直针尖端焊上硬质合金，用来划与针盘平行的直线；另一端弯头针尖用来找正零件用。常用划规如图 4-5 所示，它适合在毛坯或半成品上划圆。

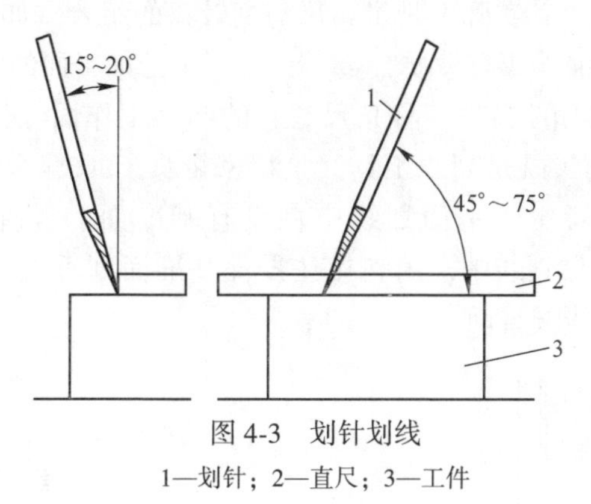

图 4-3　划针划线

1—划针；2—直尺；3—工件

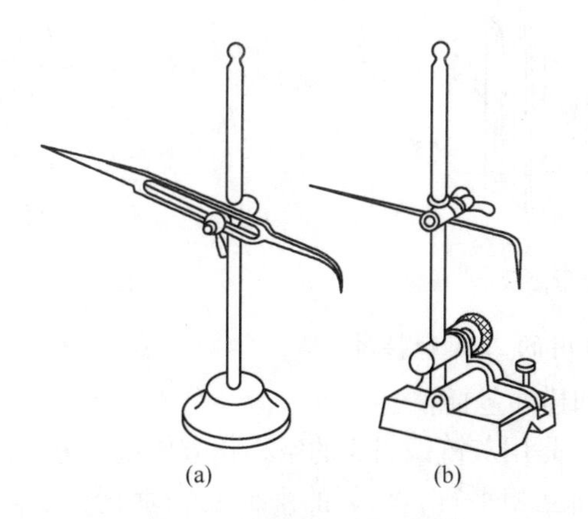

图 4-4　划线盘结构示意图

（a）普通划线盘；（b）可微调划线盘

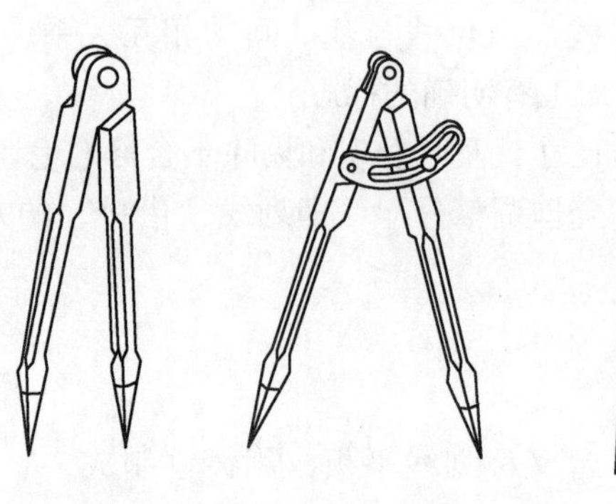

图 4-5　划规

4.3.2.3　量高尺、高度游标尺和直角尺

（1）量高尺。其是用来校核划针盘划针高度的量具，其上的钢尺零线紧贴平台，如图 4-6 所示。

（2）高度游标尺。其实际上是量高尺与划针盘的组合，如图 4-7 所示。划线脚与游标连成一体，前端镶有硬质合金，一般用于已加工面的划线。

（3）直角尺（90°角尺），简称角尺。它的两个工作面经精磨（或研磨）后呈精确的直角。90°角尺既是划线工具又是精密量具。90°角尺有扁 90°角尺和宽座 90°角尺 2 种。前者用于平面划线中在没有基准面的零件上划垂直线（见图 4-7）；后者用于立体划线中，用它靠住零件基准面划垂直线（见图 4-8），或用它找正零件的垂直线或直面。

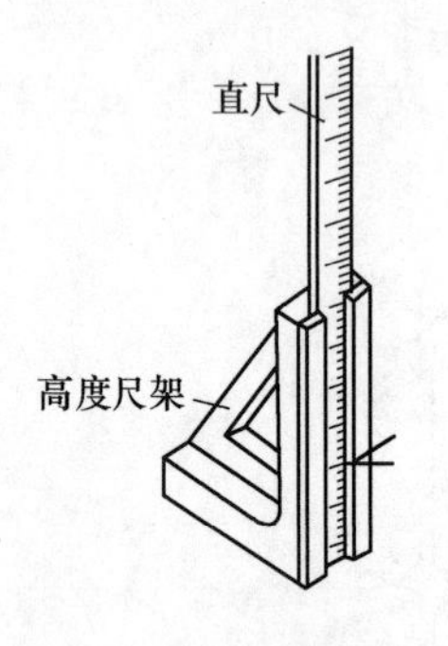

图 4-6　量高尺

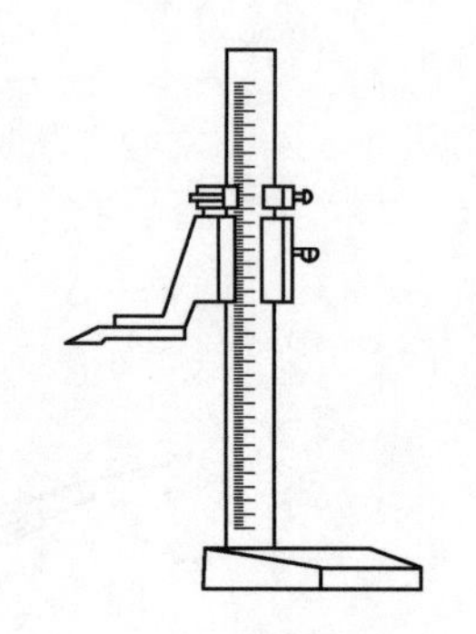

图 4-7　高度游标卡尺

4.3.2.4　支承用的工具和样冲

支承用的工具和样冲包括：

（1）方箱。方箱是用灰铸铁制成的空心长方体或立方体，它的 6 个面均经过精加工，相对的平面互相平行，相邻的平面互相垂直。方箱用于支承划线的零件。方箱上划线如图 4-9所示。

（2）V 形铁。V 形铁主要用于安放轴和套筒等圆形零件。一般 V 形铁都是两

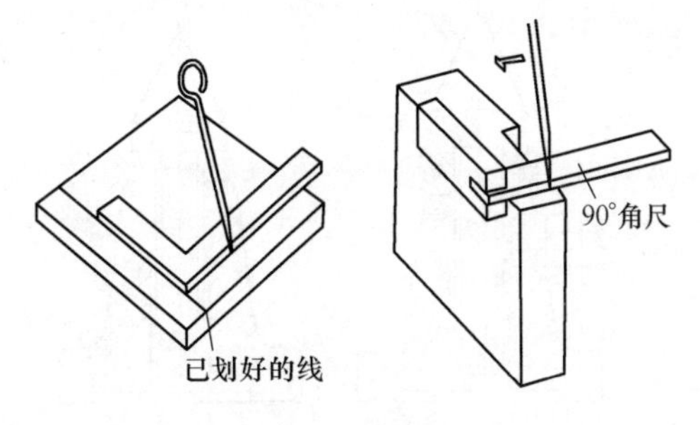

图 4-8　直角尺

块一副，即平面与 V 形槽是在一次安装中加工的。V 形槽夹角为 90°或 120°。V 形铁也可当方箱使用。其结构如图 4-10 所示。

（3）千斤顶。千斤顶常用于支承毛坯或形状复杂的大零件划线。使用时，3 个 1 组顶起零件，调整顶杆的高度便能方便地找正零件。其结构如图 4-11 所示。

（4）样冲。样冲用工具钢制成并经淬硬，在划好的线条上打出小而均匀的样冲眼，以免零件上已划好的线在搬运、装夹过程中因碰、擦而模糊不清，影响加工，如图 4-12 所示。

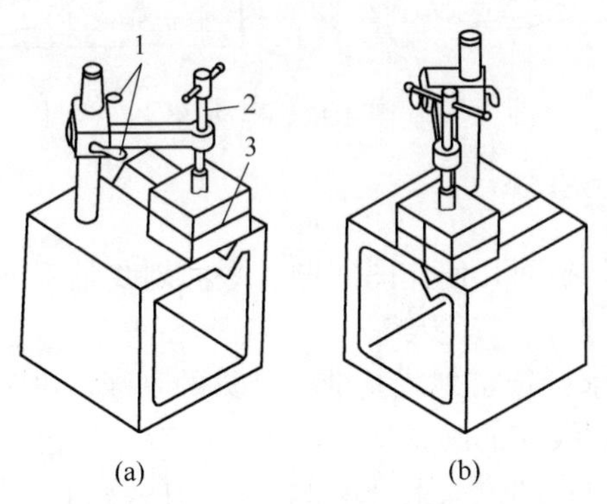

图 4-9　方箱上划线结构示意图

（a）划水平线；（b）翻 90°划垂直线

1—紧固手柄；2—压紧螺柱；3—划出的水平线

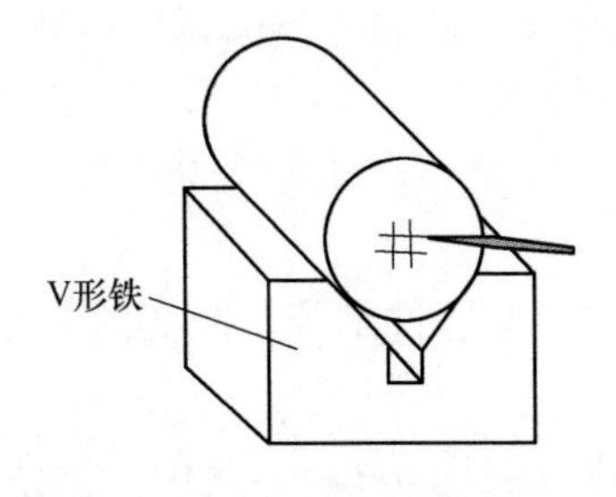

图 4-10　V 形铁结构示意图

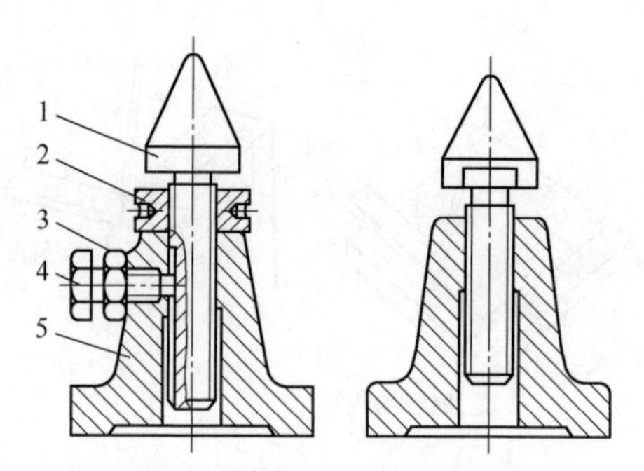

图 4-11　千斤顶结构示意图

1—螺杆；2—螺母；3—锁紧螺母；4—六角螺钉；5—底座

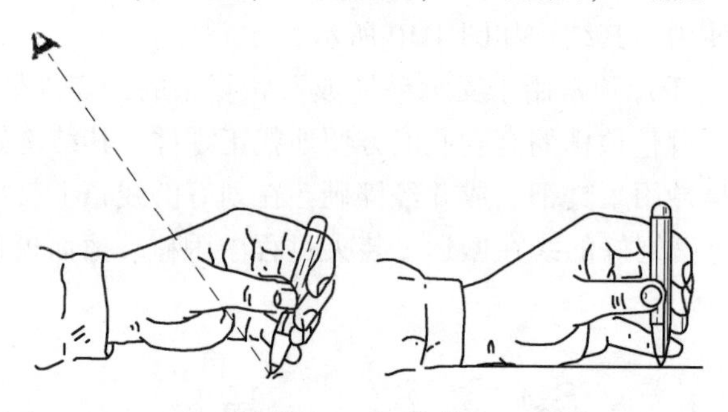

图 4-12　样冲

4.3.3　平面划线方法与步骤

平面划线的实质是平面几何作图问题。平面划线是用划线工具将图样按实物大小 1∶1 划到零件上去的。其步骤为：

（1）根据图样要求，选定划线基准。常见的划线基准如图 4-13 所示。

（2）对零件进行划线前的准备即：清理，检查，涂色，以及在零件孔中装中心塞块等。在零件上划线部位涂上一层薄而均匀的涂料（即涂色），使划出的线条清晰可见。其中，零件不同，涂料也不同。一般在铸、锻毛坯件上涂石灰水；小的毛坯件上也可以涂粉笔；钢铁半成品上一般涂龙胆紫（也称兰油）或硫酸铜溶液；铝、铜等有色金属半成品上涂龙胆紫或墨汁。

（3）划出加工界限（直线、圆和连接圆弧）。

（4）在划出的线上打样冲眼。

4.3.4　锯削

锯削是指用手锯把原材料和零件割开，或在其上锯出沟槽的操作。

4.3.4.1　手锯

手锯由锯弓和锯条组成（见图 4-14）。其中，锯条一般用工具钢或合金钢制成，并经淬火和低温回火处理。锯条规格用锯条两端安装孔之间距离表示，并按

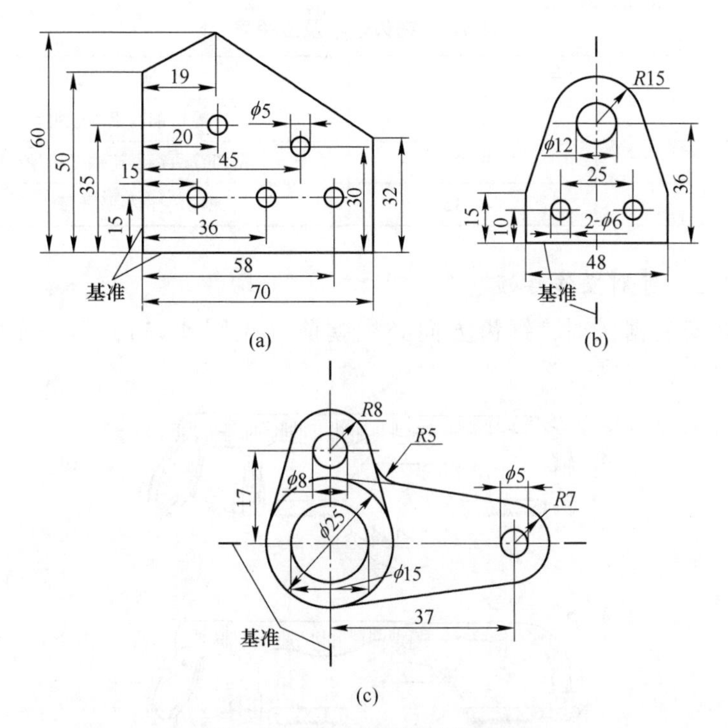

图 4-13 常见的划线基准情况

（a）以两个互相垂直的平面为基准；（b）以一个平面与一个中心平面为基准；

（c）以两个互相垂直的中心平面为基准

锯齿齿距分为粗齿、中齿和细齿 3 种。粗齿锯条适用锯削软材料和截面较大的零件。细齿锯条适用于锯削硬材料和薄壁零件。锯齿在制造时按一定的规律错开排列形成锯路。锯齿规格及应用表见表 4-1。

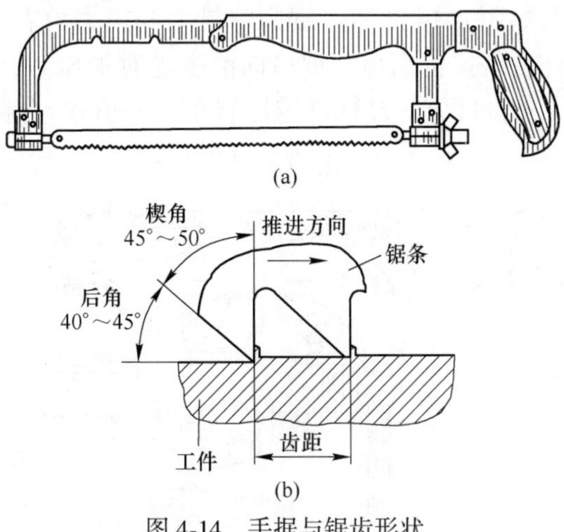

图 4-14 手据与锯齿形状

（a）手锯；（b）锯齿形状

表 4-1　锯齿规格及应用表

锯齿粗细	每 25mm 长度内齿数	应　用
粗	14~18	锯切铜、铝等软材料
中	19~23	锯切普通钢、铸铁等中硬材料
细	24~32	锯切硬钢板及薄壁工件

4.3.4.2　锯削操作要领

一般在安装锯条时，锯齿方向必须朝前（见图 4-15），锯条绷紧程度要适当。

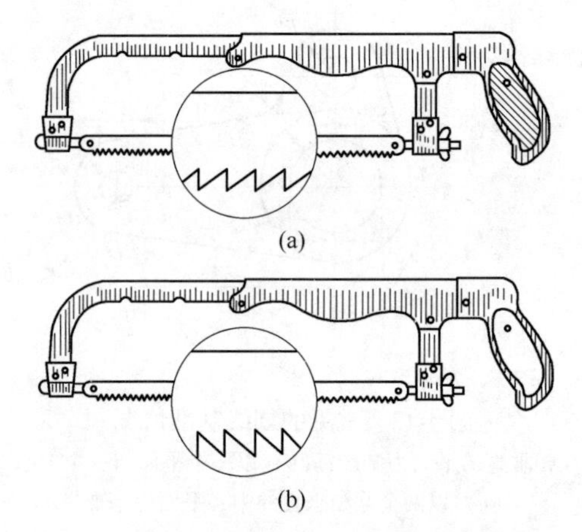

图 4-15　锯条安装方向
（a）正确；（b）不正确

在握锯和锯削操作过程中，一般握锯方法是右手握稳锯柄，左手轻扶弓架前端。锯削时站立位置如图 4-16 所示。锯削时推力和压力由右手控制，左手压力不要过大，主要配合右手扶正锯弓，锯弓向前推出时加压力，回程时不加压力，在零件上轻轻滑过。锯削往复运动速度应控制在 20~40 次/分钟。锯削时最好使

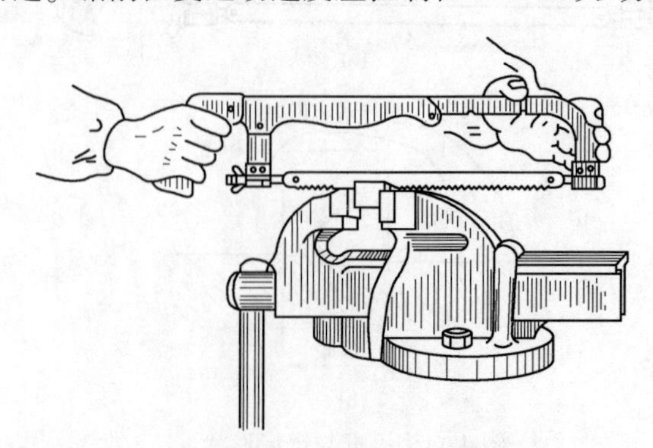

图 4-16　手锯握法及锯切动作

锯条全部长度参加切削，一般锯弓的往返长度不应小于锯条长度的 2/3。锯削站立位置如图 4-17 所示。

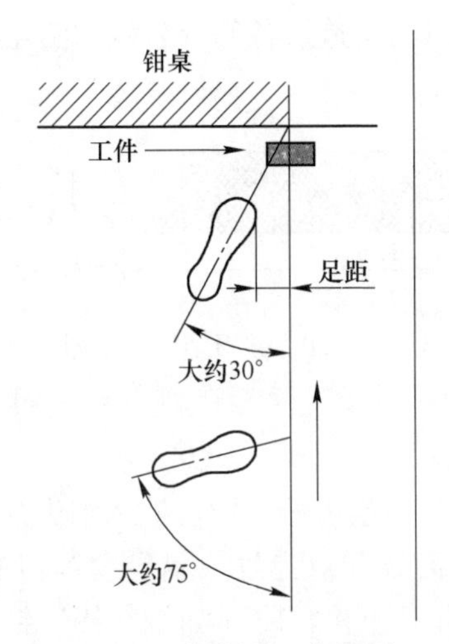

图 4-17　锯削站立位置图

4.3.4.3　起锯

锯条开始切入零件称为起锯。起锯方式有近起锯和远起锯（见图 4-18）。如图 4-19 所示，起锯时要用左手拇指指甲挡住锯条，起锯角约为 15°，锯弓往复行程要短，压力要轻，锯条要与零件表面垂直。当起锯到槽深 2 ~ 3mm 时，起锯可结束，应逐渐将锯弓改至水平方向进行正常锯削。

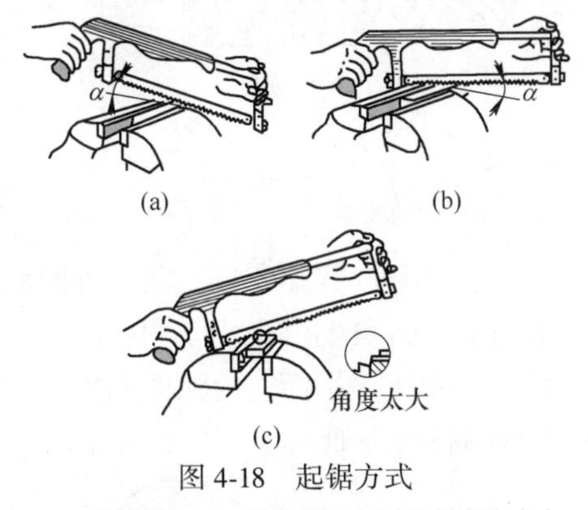

图 4-18　起锯方式

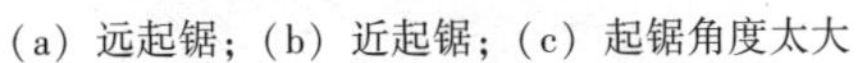
（a）远起锯；（b）近起锯；（c）起锯角度太大

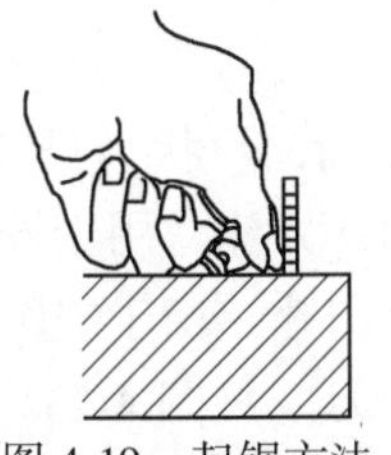

图 4-19　起锯方法

4.3.5　锉削

锉削是指用锉刀从零件表面锉掉多余的金属，使零件达到图样要求的尺寸、形状和表面粗糙度的操作。锉削加工范围包括平面、台阶面、角度面、曲面、沟槽和各种形状的孔等。

4.3.5.1 锉刀

锉刀是锉削的主要工具，锉刀用高碳钢（T12、T13）制成，并经热处理淬硬至62HRC~67HRC。锉刀的构造及各部分名称如图4-20所示。

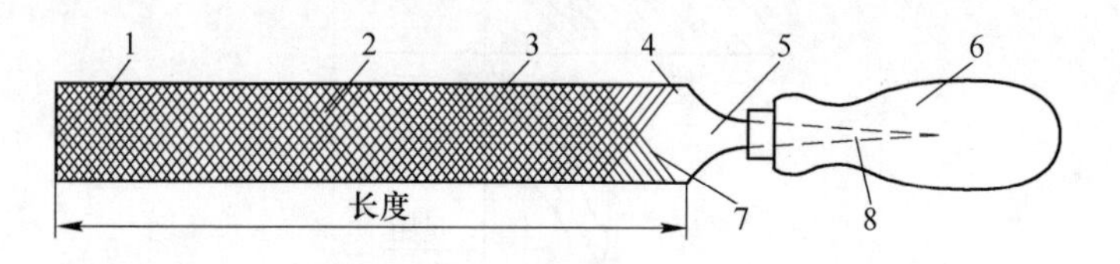

图4-20　锉刀结构示意图

1—锉齿；2—锉刀面；3—边；4—底齿；5—锉刀尾；6—木柄；7—面齿；8—舌

锉刀分类如下：

（1）按锉齿的大小可分为粗齿锉、中齿锉、细齿锉和油光锉等。

（2）按齿纹可分为单齿纹和双齿纹。单齿纹锉刀的齿纹只有一个方向，与锉刀中心形成70°，一般用于锉软金属（如铜、锡、铅等）。双齿纹锉刀的齿纹有两个互相交错的排列方向，先剁上去的齿纹称作底齿纹，后剁上去的齿纹称作面齿纹。底齿纹与锉刀中心线成45°，齿纹间距较疏；面齿纹与锉刀中心线成65°，间距较密。由于底齿纹和面齿纹的角度不同，间距疏密不同，所以锉削时锉痕不重叠，锉出来的表面平整而且光滑，如图4-21所示。

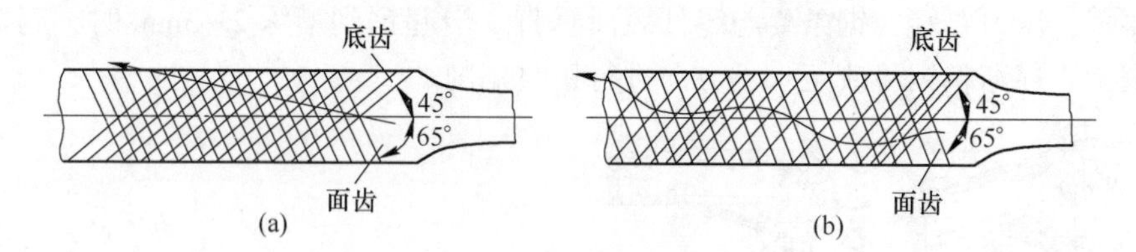

图4-21　锉齿的排列

（a）倾斜排列的锉齿；（b）波纹形排列的锉齿

（3）按断面形状（见图4-22）可分成：板锉（平锉），用于锉平面、外圆面和凸圆弧面；方锉，用于锉平面和方孔；三角锉，用于1锉平面、方孔和60°以上的锐角；圆锉，用于锉圆孔和内弧面；半圆锉，用于锉平面、内弧面和大的圆孔；特种锉刀（见图4-23），用于加工各种零件的特殊表面。

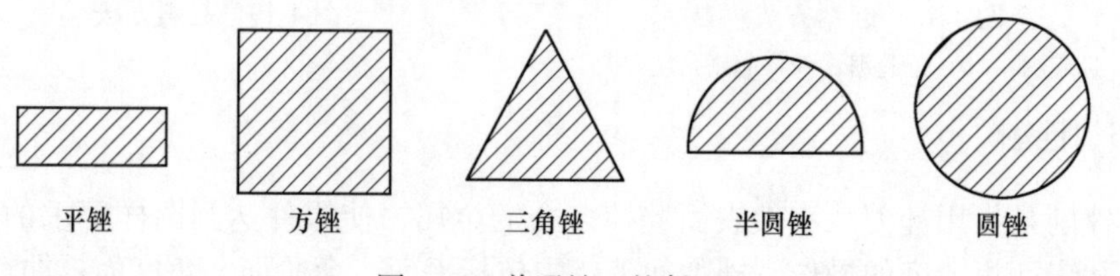

图4-22　普通锉刀的断面

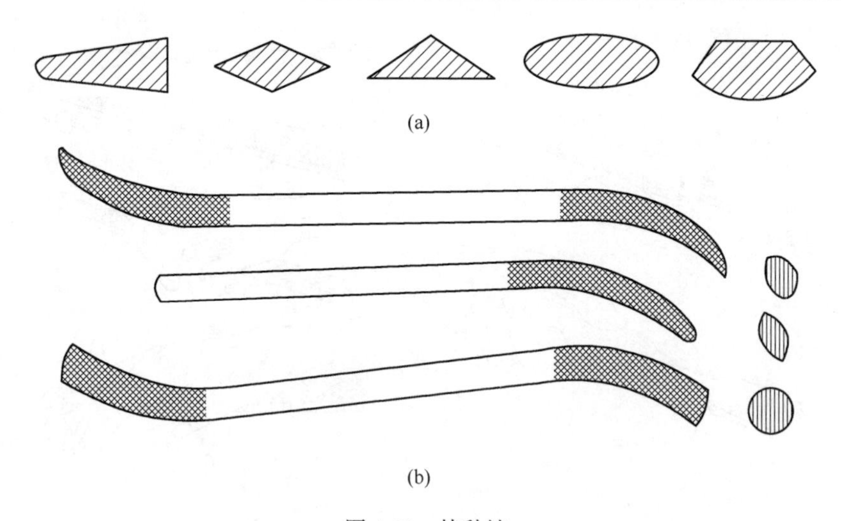

图 4-23　特种锉

（a）断面不同的各种直的特种锉；（b）弯的特种锉

另外，如图 4-24 所示，由多把各种形状的特种锉刀所组成的“什锦”锉刀，用于修锉小型零件及模具上难以机械加工的部位。普通锉刀的规格一般是用锉刀的长度、齿纹类别和锉刀断面形状表示的。

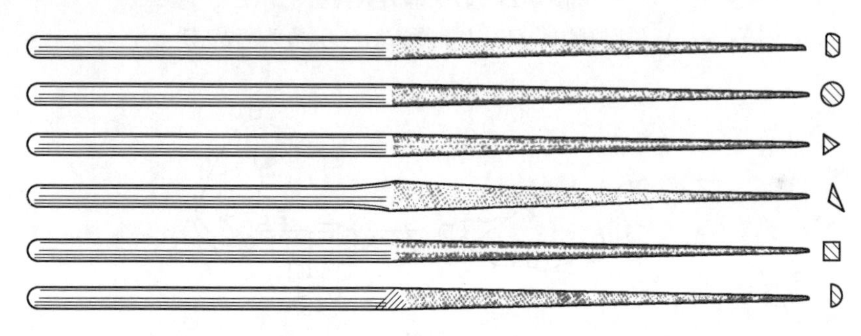

图 4-24　整形锉（什锦锉）

4.3.5.2　锉削操作要领

A　握锉

锉刀的种类较多，规格、大小不一，使用场合也不同，故锉刀握法也应随之改变。大锉刀的握法如图 4-25 所示，中、小锉刀的握法如图 4-26 所示。

B　锉削姿势

锉削时人的站立位置与锯削相似，如图 4-27 所示。如图 4-27 所示，在锉削过程中，身体重量放在左脚，右膝要伸直，双脚始终站稳不移动，靠左膝的屈伸而做往复运动。开始时，身体向前倾斜 10°左右，右肘尽可能向后收缩［见图 4-27（a）］。在最初 1/3 行程时，身体逐渐前倾至 15°左右，左膝稍弯曲［见

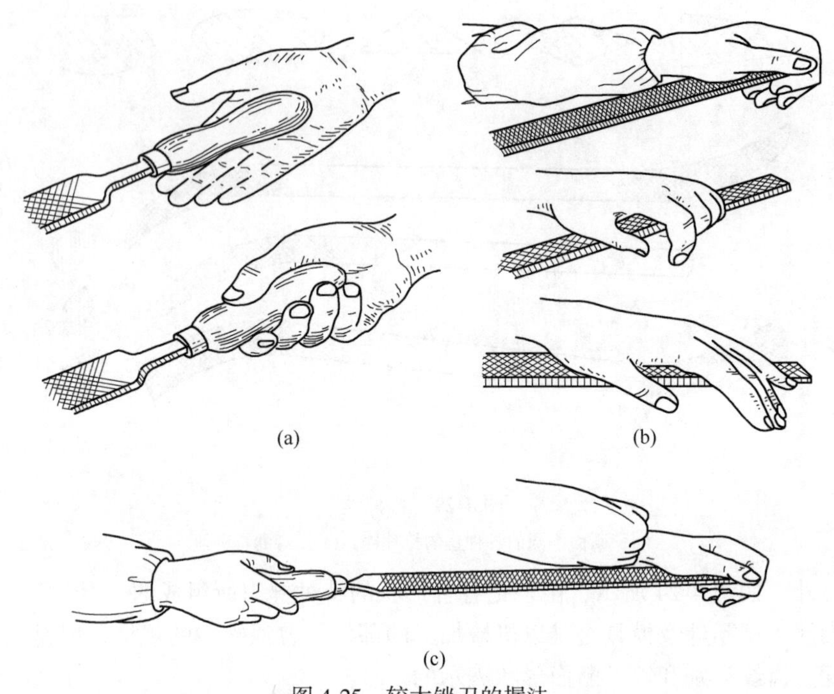

图 4-25　较大锉刀的握法

（a）右手的握法；（b）左手的放法；（c）两手握锉姿势

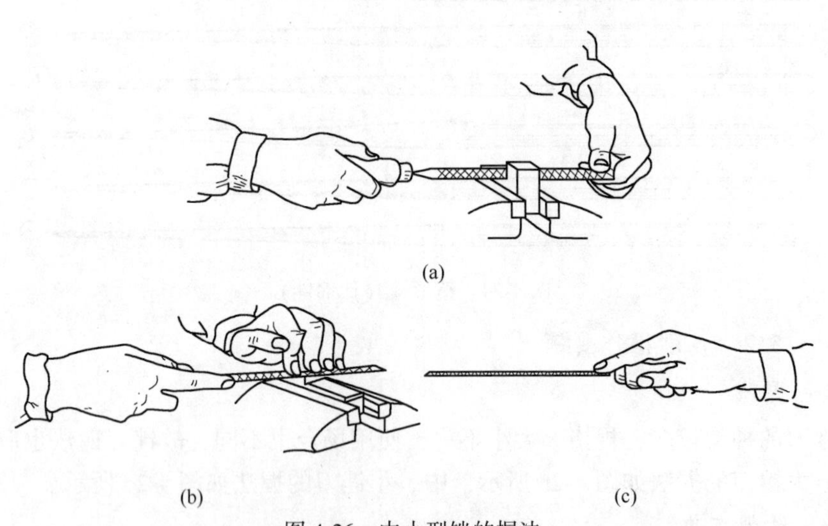

图 4-26　中小型锉的握法

（a）中型锉刀的握法；（b）小型锉刀的握法；（c）最小型锉刀的握法

图 4-27（b）]。其次 1/3 行程，右肘向前推进，同时身体也逐渐前倾到 18°左右［见图 4-27（c）］。最后 1/3 行程，用右手腕将锉刀推进，身体随锉刀向前推的同时自然后退到 15°左右的位置上［见图 4-27（d）]。锉削行程结束后，把锉刀

略提起一些，身体姿势恢复到起始位置。

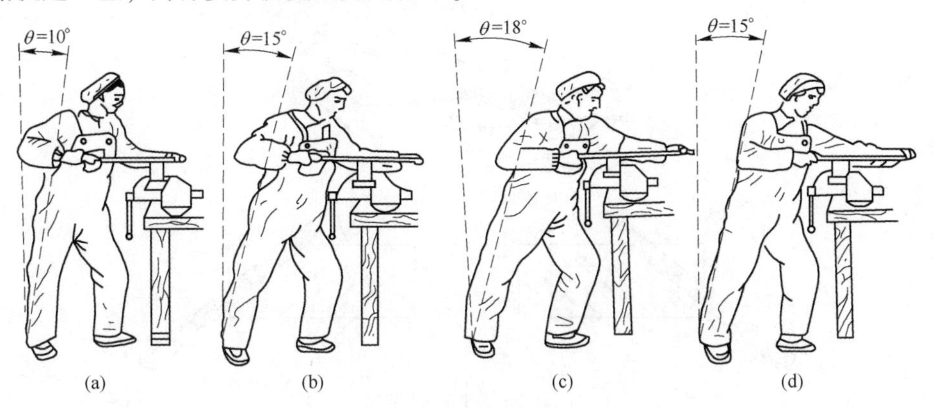

图 4-27 锉削姿势

（a）身体向前倾斜 10°；（b）身体向前倾斜 15°；（c）身体向前倾斜 18°；（d）身体后退到 15°

锉削过程中，两手用力也时刻在变化。开始时，左手压力大，推力小；右手压力小，推力大。随着推锉过程，左手压力逐渐减小，右手压力逐渐增大。锉刀回程时不加压力，以减少锉齿的磨损。锉刀往复运动速度一般为 30~40 次/分钟，推出时慢，回程时可快些。

4.3.5.3 锉削方法

A 平面锉削

锉削平面的方法有 3 种。顺向锉法如图 4-28（a）所示。交叉锉法如图 4-28（b）所示，推锉法如图 4-28（c）所示。锉削平面时，锉刀要按一定方向进行锉削，并在锉削回程时稍做平移，并逐步将整个面锉平，如图 4-29 所示。

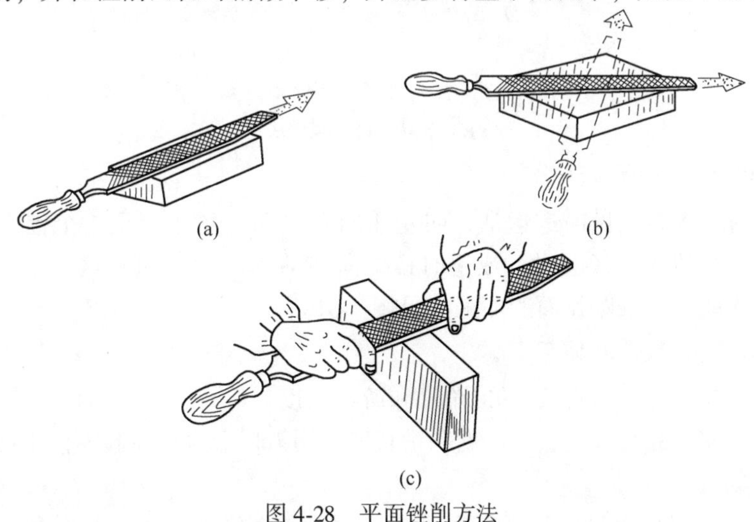

图 4-28 平面锉削方法

（a）顺锉法；（b）交锉法；（c）推锉法

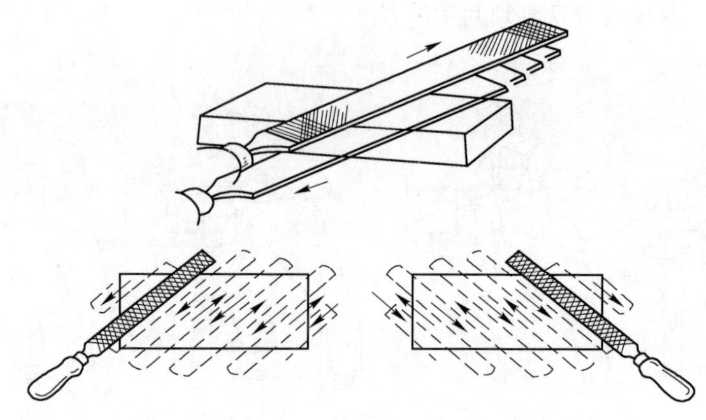

图 4-29　锉刀的移动

B　弧面锉削

外圆弧面一般可采用平锉进行锉削，常用的锉削方法有 2 种。顺锉法［见图 4-30（a）］是横着圆弧方向锉，可锉成接近圆弧的多棱形（适用于曲面的粗加工）；横锉法［见图 4-30（b）］是锉刀向前锉削时右手下压，左手随着上提，使锉刀在零件圆弧上做转动。

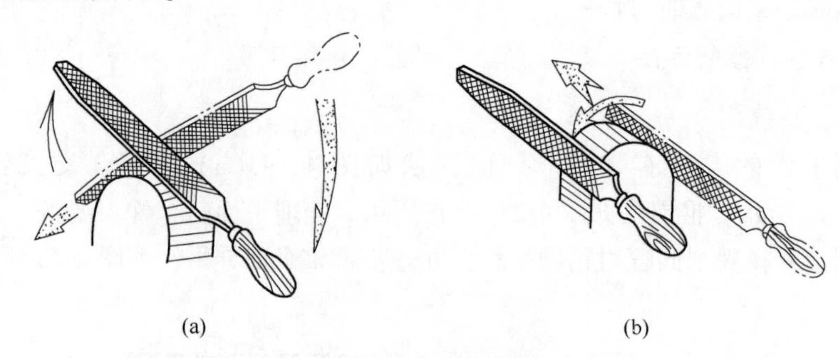

(a)　(b)

图 4-30　外圆弧面锉削

（a）顺锉法；（b）横锉法

C　内圆弧面的锉削

锉削时，锉刀要做前进运动，向左或向右移动（约半个至 1 个锉刀直径），绕锉刀中心线的转动（顺时针或逆时针方向转动约 90°）。只有这 3 个运动同时进行时，才能完成内圆弧面的加工（见图 4-31）。

D　检验工具及其使用

检验工具有刀口形直尺、90°角尺和游标角度尺等。其中，刀口形直尺、90°角尺可检验零件的直线度、平面度和垂直度。用刀口形直尺检验零件平面度的方法为：

(1) 将刀口形直尺垂直紧靠在零件表面，并在纵向、横向和对角线方向逐

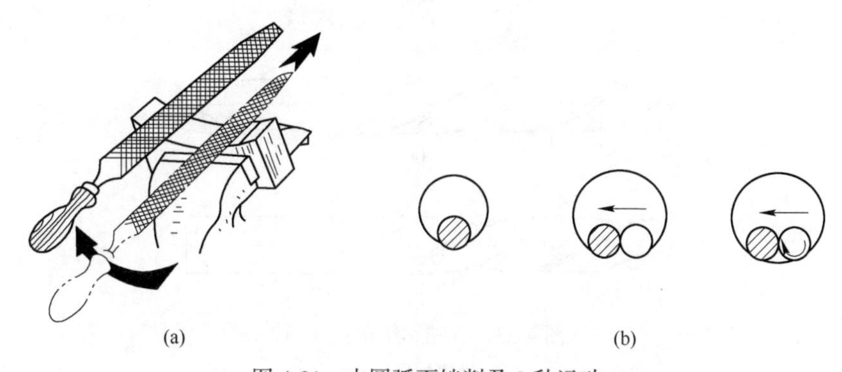

图 4-31 内圆弧面锉削及 3 种运动
（a）内圆弧面锉削；（b）内圆弧面锉削的 3 种运动

次检查，如图 4-32（a）所示。

（2）检验时，如果刀口形直尺与零件平面透光微弱而均匀，则该零件平面度合格；如果透光强弱不一，则说明该零件平面凹凸不平。可在刀口形直尺与零件紧靠处用塞尺插入，根据塞尺的厚度即可确定平面度的误差，如图 4-32（b）所示。

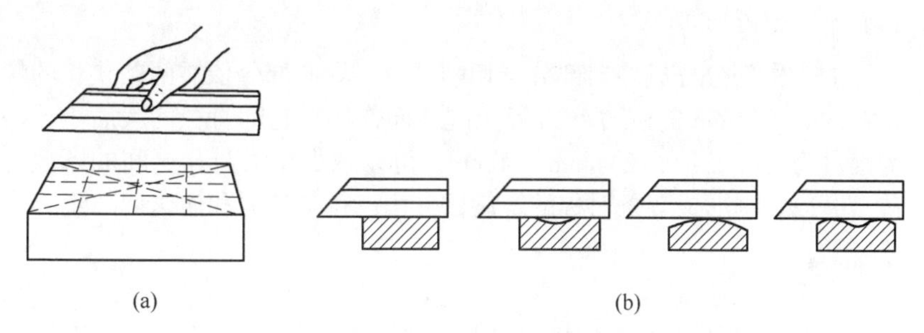

图 4-32 检查平面度
（a）检查部位；（b）透光检查

4.4 钻孔

零件上孔的加工，除去一部分由车、镗、铣和磨等机床完成外，很大一部分是由钳工利用各种钻床和钻孔工具完成的。钳工加工孔的方法一般指钻孔、扩孔和铰孔。

钻孔是用钻头在实心零件上加工孔。钻孔的尺寸公差等级低，为 IT12～IT11；表面粗糙度大，*Ra* 值为 50～11.5μm。

4.4.1 标准麻花钻

麻花钻如图 4-33 所示，是钻孔的主要刀具。麻花钻用高速钢制成，工作部分经热处理淬硬至 62HRC～65HRC。麻花钻由钻柄、颈部和工作部分组成。

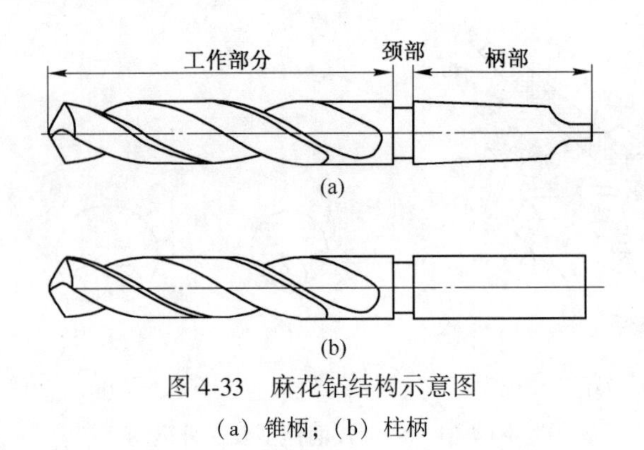

图 4-33　麻花钻结构示意图

(a) 锥柄；(b) 柱柄

4.4.1.1　钻柄

钻柄供装夹和传递动力用。钻柄形状有 2 种，柱柄传递扭矩较小，用于直径 13mm 以下的钻头；锥柄对中性好，传递扭矩较大，用于直径大于 13mm 的钻头。

4.4.1.2　颈部

颈部是磨削工作部分和钻柄时的退刀槽。钻头直径、材料和商标一般刻在颈部。

4.4.1.3　工作部分

麻花钻的工作部分分成导向部分与切削部分。导向部分依靠两条狭长的螺旋形的高出齿背约 0.5~1mm 的棱边（刃带）起导向作用。它的直径前大后小，略有倒锥度。倒锥量为（0.03~0.12）mm/100mm，可以减少钻头与孔壁间的摩擦。导向部分经铣、磨或轧制形成 2 条对称的螺旋槽，用以排除切屑和输送切削液。

4.4.2　零件装夹

钻孔时零件夹持方法与零件生产批量和孔的加工要求有关。生产批量较大或精度要求较高的零件时，一般是用钻模来装夹的；生产单件小批生产或加工要求较低的零件时，零件经划线确定孔中心位置后，多数装夹在通用夹具或工作台上钻孔。常用的附件有手虎钳、平口虎钳、V 形铁和压板螺钉等，这些工具的使用和零件形状及孔径大小有关。

4.4.3　钻头的装夹

钻头的装夹方法按其柄部的形状不同而异。锥柄钻头可以直接装入钻床主轴锥孔内，较小的钻头可用过渡套筒安装，直柄钻头用钻夹头安装，钻夹头（或过渡套筒）的拆卸方法是将楔铁插入钻床主轴侧边的扁孔内，左手握住钻夹头，右手用锤子敲击楔铁卸下钻夹头。

4.4.4　钻削用量

钻孔钻削用量包括钻头的钻削速度（m/min）［或转速（r/min）］和进给量

(钻头每转 1 周沿轴向移动的距离)。钻削用量受到钻床功率、钻头强度、钻头耐用度和零件精度等许多因素的限制。因此，如何合理选择钻削用量直接关系到钻孔生产率、钻孔质量和钻头的寿命。选择钻削用量可以用查表方法，也可以考虑零件材料的软硬、孔径大小和精度要求，凭经验选定一个进给量。

4.4.5 钻孔方法

钻孔前先用样冲在孔中心线上打出样冲眼（见图 4-34 和图 4-35），用钻尖对准样冲眼锪一个小坑，检查小坑与所划孔的圆周线是否同心（称试钻）。如稍有偏离，可移动零件找正，若偏离较多，可用尖凿（或样冲）在偏离的相反方向凿几条槽。对较小直径的孔也可在偏离的方向用垫铁垫高些再钻。直到钻出的小坑完整，与所划孔的圆周线同心（或重合）时才可以正式钻孔。

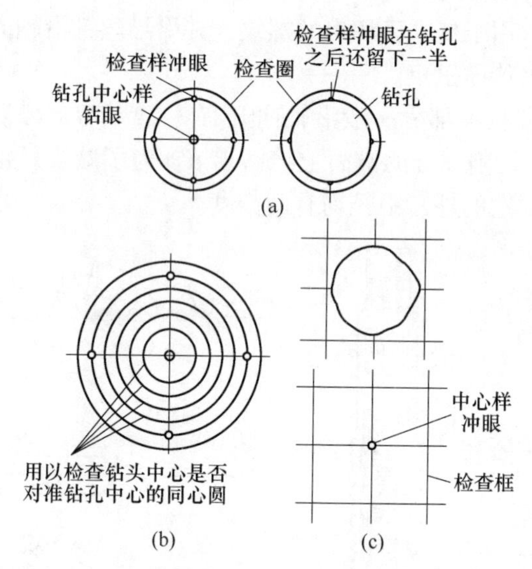

图 4-34 孔的划线、打样冲眼方法

（a）一般孔的划线、打样冲眼；（b）大孔多划几个同心圆；（c）检查框的划法

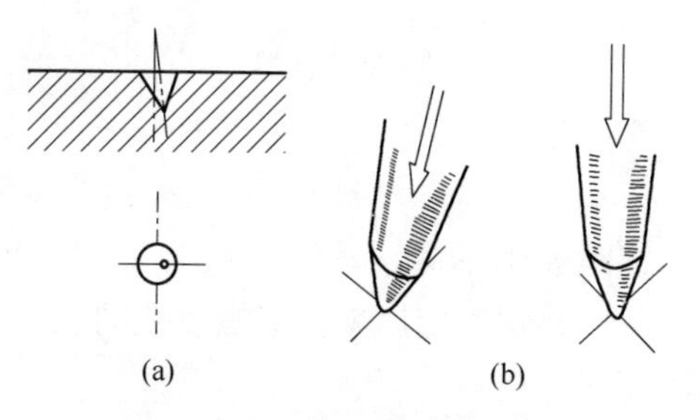

图 4-35 纠正打歪的样冲眼

（a）打歪的样冲眼；（b）纠正的方法

4.5 攻螺纹和套螺纹

常用的三角螺纹零件除采用机械加工获得外，还可以用钳工攻螺纹和套螺纹的方法获得。

4.5.1 攻螺纹

攻螺纹是用丝锥加工出的内螺纹。

4.5.1.1　丝锥

A　丝锥的结构

丝锥是加工小直径内螺纹的成形工具（见图 4.36）。它是由切削部分、校准部分和柄部组成。切削部分磨出锥角，以便将切削负荷分配在几个刀齿上，校准部分有完整的齿形，用于校准已切出的螺纹，并引导丝锥沿轴向运动。柄部有方榫，便于装在铰手内传递扭矩。

丝锥切削部分和校准部分一般沿轴向开有 3~4 条容屑槽以容纳切屑，并形成切削刃和前角 γ，切削部分的锥面上铲磨出 α。为了减少丝锥的校准部对零件材料的摩擦和挤压，它的外、中径均有倒锥度。

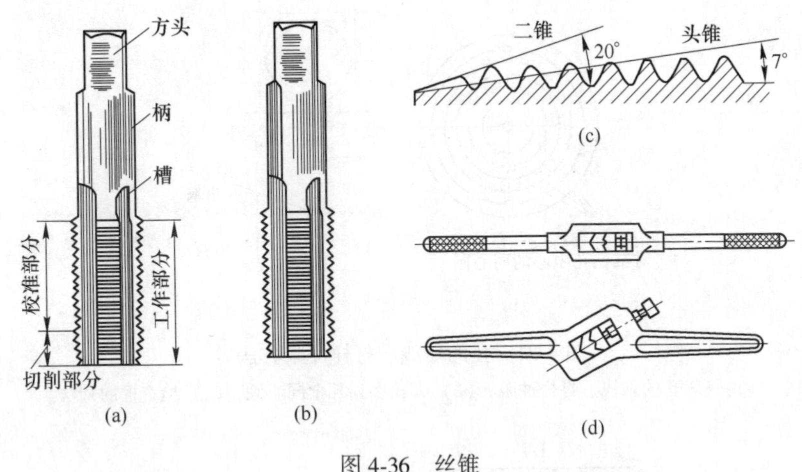

图 4-36　丝锥

（a）头锥；（b）二锥；（c）头锥和二锥的锥角；（d）铰杆

B　成组丝锥

由于螺纹的精度、螺距大小不同，丝锥一般为 1 支、2 支或 3 支成组使用。使用成组丝锥攻螺纹孔时，要顺序使用来完成螺纹孔的加工。

C　丝锥的材料

丝锥常用高碳优质工具钢或高速钢制造，手用丝锥一般用 T12A 或 9SiCr 制造。

4.5.1.2　手用丝锥铰手

丝锥铰手是扳转丝锥的工具，常用的铰手有固定式和可调节式，以便夹持各种不同尺寸的丝锥。

4.5.1.3　攻螺纹方法

攻螺纹前的孔径 d（钻头直径）略大于螺纹底径。其选用丝锥尺寸可查表，也可按经验公式计算。

对于攻普通螺纹，加工钢料及塑性金属时丝锥尺寸的计算公式为：

$$d = D - p \tag{4-1}$$

加工铸铁及脆性金属时丝锥尺寸的计算公式为：

$$d = D - 1.1p \tag{4-2}$$

式中　D——螺纹基本尺寸，mm；

　　p——螺距，mm。

若孔为盲孔，由于丝锥不能攻到底，所以钻孔深度要大于螺纹长度，其尺寸的计算公式为：

$$孔的深度 = 螺纹长度 + 0.7D \tag{4-3}$$

普通螺纹攻螺纹前钻底孔的直径见表 4-2。

表 4-2　攻螺纹前钻底孔的直径

公称直径/mm		3	4	5	6	8	10	12	14	16	20	24
螺距/mm		0.5	0.7	0.8	1	1.25	1.5	1.75	2	2	2.5	3
底孔直径/mm	铸铁	2.5	3.3	4.1	4.9	6.6	8.4	10.1	11.8	13.8	17.3	20.7
	钢	2.5	3.3	4.2	5	6.7	8.5	10.2	12	14	17.5	21

手工攻螺纹的方法如图 4-37 所示。双手转动铰手，并轴向加压力，当丝锥切入零件1~2牙时，用90°角尺检查丝锥是否歪斜。若丝锥歪斜，则需纠正后再往下攻。当丝锥位置与螺纹底孔端面垂直后，轴向就不再加压力。两手均匀用力，为避免切屑堵塞，要经常倒转 1/2~1/4 圈，以达到断屑。头锥、二锥应依次攻入。攻铸铁材料螺纹时加煤油而不加切削液，钢件材料加切削液，以保证铰孔表面的粗糙要求。

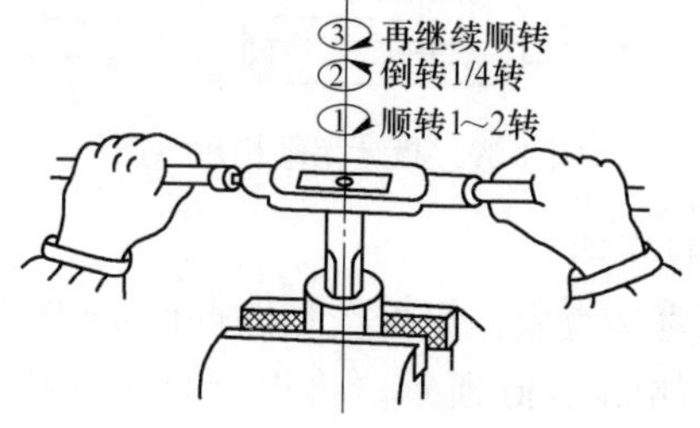

图 4-37　手工攻螺纹方法

4.5.2　套螺纹

套螺纹是用板牙在圆杆上加工出外螺纹。

4.5.2.1　套螺纹的工具

A　圆板牙

板牙是加工外螺纹的工具。如图 4-38 所示，圆板牙就像一个圆螺母，不过上面钻有几个屑孔并形成切削刃。板牙两端带 2ϕ 的锥角部分是切削部分，它是铲磨出来的阿基米德螺旋面，有一定的后角。当中一段是校准部分，也是套螺纹时的导向部分。板牙一端的切削部分磨损后可调头使用。

用圆板牙套螺纹的精度比较低，可用它加工 8h 级和表面粗糙度 *Ra* 值为 6.3~3.2μm 的螺纹。圆板牙一般用合金工具钢 9SiCr 或高速钢 W18Cr4V 制造。

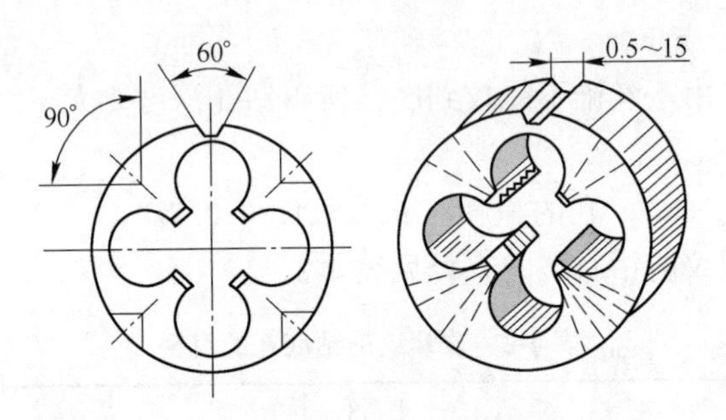

图 4-38　圆板牙结构示意图

B　板牙架

手工套螺纹时需要用圆板牙架，圆板牙架如图 4-39 所示。

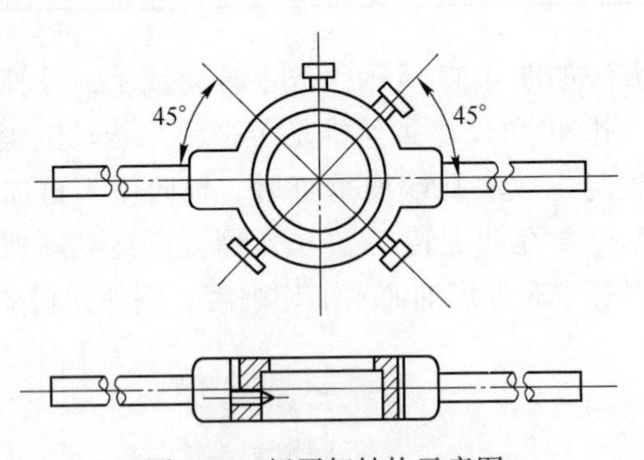

图 4-39　板牙架结构示意图

4.5.2.2　套螺纹的方法

确定螺杆的直径可直接查表，也可按零件直径 $d=D-0.13p$ 的经验公式计算。套螺纹的操作方法如图 4-40 所示。将板牙套在圆杆头部倒角处，并保持板牙与圆杆垂直，右手握住铰手的中间部分，加适当压力，左手将铰手的手柄顺时针方向转动，在板牙切入圆杆 2~3 牙时，应检查板牙是否歪斜，发现歪斜，应纠正后再套。当板牙位置正确后，再往下套时不加压力。套螺纹和攻螺纹一样，应经常倒转以切断切屑。套螺纹应加切削液，以保证螺纹的表面粗糙度要求。

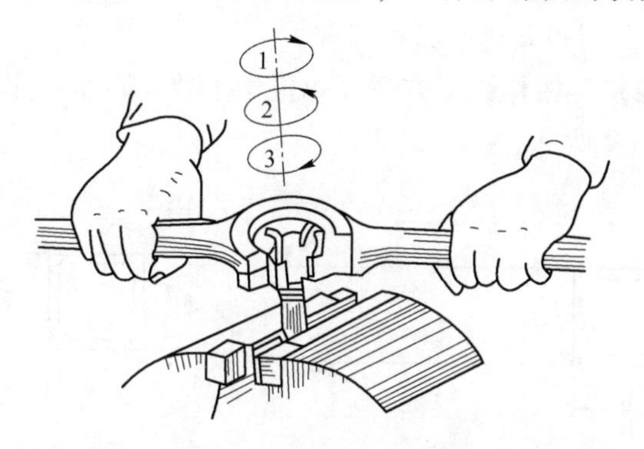

图 4-40 套螺纹的操作方法

【实习操作 4-1】 钳作直角尺（每位学生独立制作一件）。

直角尺图如图 4-41 所示。

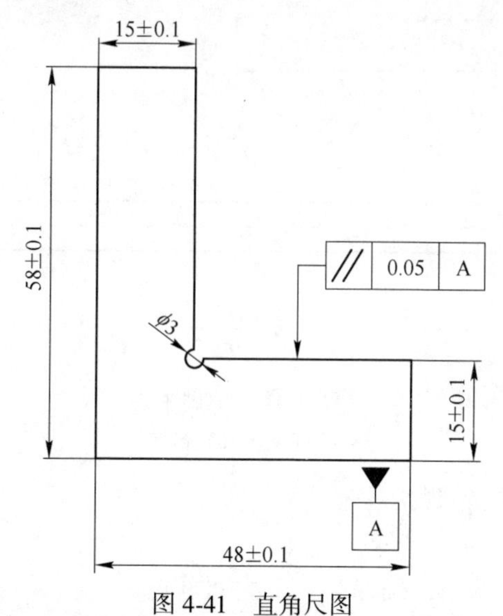

图 4-41 直角尺图

直角尺的制作工序步骤为：

（1）选择基准面；

（2）锉削加工相邻一面，保证垂直精度；

（3）划线 15mm、17mm、48mm、58mm，并打样冲眼；

（4）钻削加工 ϕ3mm 工艺孔；

(5) 锯削加工，保证加工余量；

(6) 锉削加工，保证图纸上标注的加工精度；

(7) 抛光、棱边去毛刺。

作品上交时，在直角尺表面上写上本人的名字、学号后上交给指导老师评分。打扫场地卫生并对设备进行维护保养。

【实习操作 4-2】 钳作钳工方锤（每位学生独立制作一件）。

方锤图如图 4-42 所示。

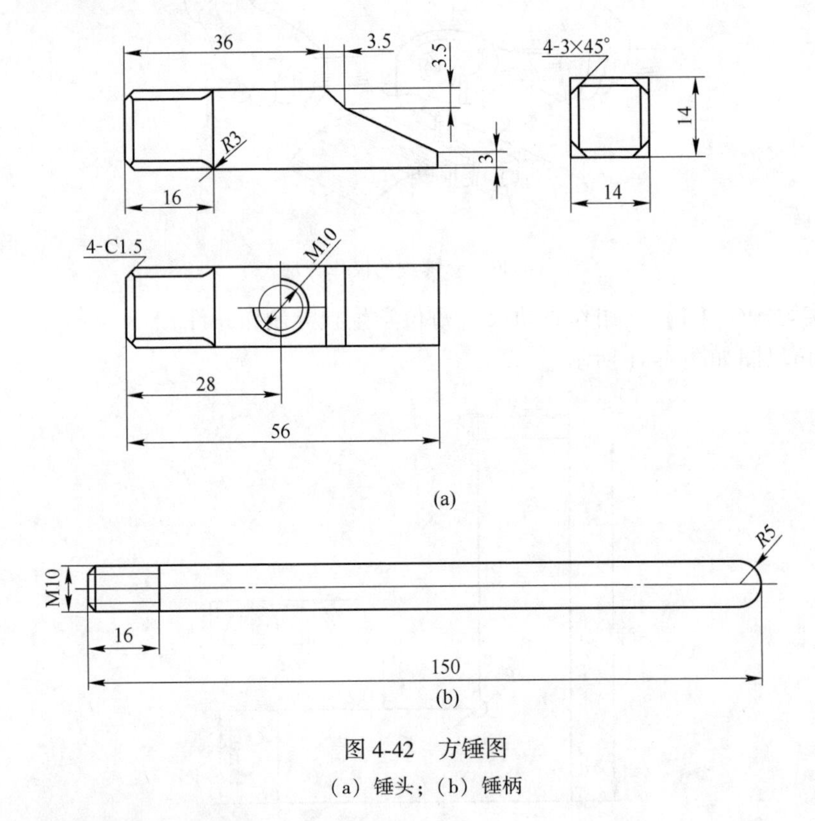

图 4-42 方锤图

(a) 锤头；(b) 锤柄

方锤的制作工序步骤为：

(1) 锯削下料 58mm；

(2) 锉削加工两端面，确保与 4 个大面垂直；

(3) 锉削加工 4 个长宽面，控制好 14mm 尺寸和表面粗糙度；

(4) 立体划线为 36mm 1 条，16mm 4 条，39. 5mm 3 条，43mm 1 条，3. 5mm 2 条，3mm 11 条，1. 5mm 8 条；

(5) 打样冲眼，明确加工区域；

(6) 锉削加工 4-3×45°，4-1. 5×45°，1-5×45°，锤尾斜面 1 处；

(7) 划 M10 螺纹孔中心线，并打样冲眼；

（8）钻削加工 ϕ8.5mm 螺纹底孔，攻牙 M10；

（9）套丝加工手柄；

（10）装配并铆接；

（11）棱边去毛刺，表面抛光。

作品上交时在直角尺表面上写上本人的名字、学号后上交给指导老师评分。打扫场地卫生并对设备进行维护保养。

5 焊　工

扫一扫免费观看视频讲解

5.1 概述

5.1.1 焊接方法的分类

焊接是通过加热或加压，或两者并用，并且用（或不用）填充材料使焊件达到原子结合的一种加工方法。因此，焊接是一种重要的金属加工工艺，它能使分离的金属连接成不可拆卸的牢固整体。

焊接方法可分为 3 大类，即熔化焊、压力焊和钎焊见表 5-1。熔化焊是将焊接接头加热至熔化状态而不加压力的一类焊接方法，如电弧焊（手工电弧焊和埋弧自动焊等）、气焊、气体保护焊（氩弧焊、CO_2 气体保护焊等）、电渣焊和激光焊等；压力焊是对焊件施加压力，加热（或不加热）的焊接方法，如电阻焊（点焊、缝焊、对焊）、摩擦焊和爆炸焊等；钎焊是采用熔点比焊件金属低的钎料，将焊件和钎料加热到高于钎料的熔点而焊件金属不熔化，利用毛细管作用使液态钎料填充接头间隙与母材原子相互扩散的焊接方法，如烙铁钎焊、火焰钎焊和电阻钎焊等。

表 5-1　焊接方法分类

<table>
<tr><th colspan="10">焊　接</th></tr>
<tr><th>钎焊</th><th colspan="2">压力焊</th><th colspan="7">熔化焊</th></tr>
<tr><td rowspan="2">超声波钎焊
真空钎焊
电阻钎焊
火焰钎焊
烙铁钎焊</td><td rowspan="2">爆炸焊
超声波焊
冷压焊
气压焊
摩擦焊</td><td>电阻焊</td><td rowspan="2">激光焊
电子束焊</td><td colspan="2">气体
保护焊</td><td rowspan="2">铝热焊
电渣焊
等离子弧焊</td><td colspan="2">电弧焊</td><td rowspan="2">气
焊</td></tr>
<tr><td>对焊
缝焊
点焊</td><td>氩
气
焊</td><td>CO_2
气体
保护
焊</td><td>埋弧
自动焊</td><td>手工
电弧焊</td></tr>
</table>

5.1.2 焊接方法的特点及应用

当今世界已大量应用焊接方法制造各种金属结构。焊接方法之所以得到普遍的重视并获得迅速发展，其原因如下：

(1) 焊接工作方便、灵活、牢固。可以较方便地将不同形状与厚度的型材连接起来。可使铸、锻、冲、焊结合起来，获得铸—焊件，锻—焊件、冲—焊件，甚至铸—锻—焊件，从而使结构中不同种类和规格的材料应用得更合理。

（2）可采用拼焊结构，使大型、复杂工件以小拼大，化繁为简。焊接与铆接相比，焊接具有节约金属、生产率高、质量优良、劳动条件好等优点。目前在生产中，大量铆接件已由焊接所取代。焊接连接刚性大，整体性好，在多数情况下焊接接头能达到与母材等强度，同时焊接容易保证气密性与水密性。

（3）焊接工艺一般不需要大型、贵重的设备，因而设备投资少，投产快，容易适应不同批量结构的生产，更换产品方便。此外，焊接参数的电信号易于控制，容易实现自动化。焊接机械手和机器人已用于工业部门，在国外已有无人焊接自动化车间。

焊接也存在一些问题，例如焊后零件不可拆，更换修理不方便。如果焊接工艺不当，焊接接头的组织和性能会变坏，焊后工件存在残余应力，会产生变形，容易形成各种焊接缺陷，增加应力集中，产生裂纹，引起脆断等。但是采取适当措施是可以防止和克服的。

焊接广泛应用于造船、车辆、桥梁、航空航天、建筑钢结构、重型机械和化工装备等工业部门，可制造机器零件和毛坯（如轧辊、飞轮、大型齿轮、电站设备的重要部件等），可连接电气导线和精细的电子线路，还可应用于新型陶瓷连接、非晶态金属合金焊接等。焊接的大量应用还是金属材料（尤其是钢材），占钢总产量 60% 左右的钢材经各种形式的焊接而后投入使用，焊接还可用于修补铸、锻件的缺陷和磨损的机器零件。

其中，熔焊焊接接头的组成如图 5-1 所示，焊接缝如图 5-2 所示。

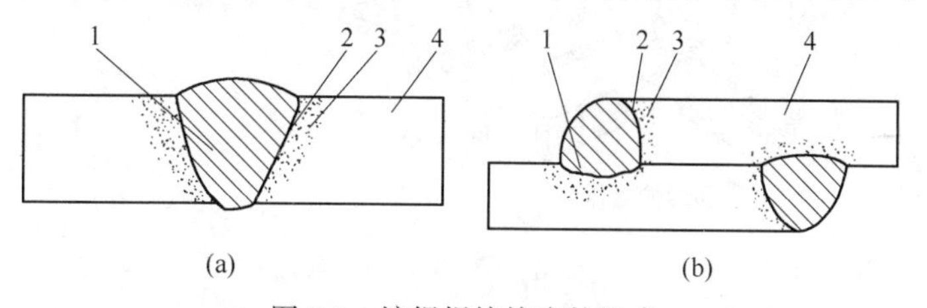

图 5-1　熔焊焊接接头的组成

（a）对接头；（b）搭接接头

1—熔焊金属；2—熔合区；3—热影响区；4—母材

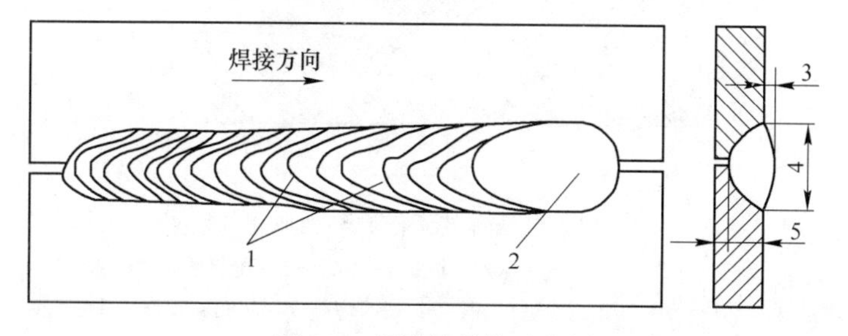

图 5-2　焊接缝结构示意图

1—焊波；2—弧坑；3—堆高；4—熔宽；5—熔深

5.2 手工电弧焊

电弧焊是熔化焊中最基本的焊接方法，也是在各种焊接方法中应用最普遍的焊接方法。其中最简单最常见的是使用电焊条的手工焊接，称为手工电弧焊（或简称手弧焊）。这种方法设备简单，灵活方便，尤其适于结构形状复杂、焊缝短或弯曲的焊件和各种不同空间位置的焊缝焊接。

5.2.1 手弧焊的焊接过程

首先将电焊机的输出端两极分别与焊件和焊钳连接（见图 5-3），再用焊钳夹持电焊条。焊接时在焊条与焊件之间引出电弧，高温电弧将焊条端头与焊件局部熔化形成熔池。然后熔池迅速冷却，凝固形成焊缝，促使分离的 2 块焊件牢固地连接成一整体。焊条的药皮熔化后形成熔渣覆盖在熔池上，熔渣冷却后形成渣壳依旧覆盖并保护在焊缝上。最后将渣壳清除掉，焊接接头的工作就此完成。

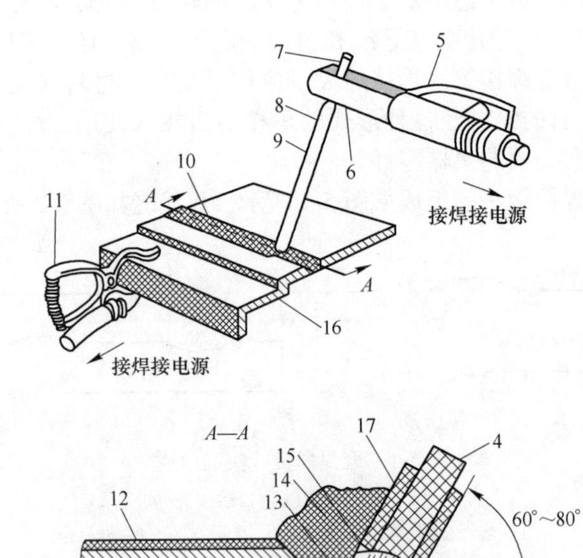

图 5-3　焊条电弧焊的工作原理和典型的装置

1—热影响区；2—弧坑；3—焊缝弧坑；4—焊芯；5—绝缘手把；6—焊钳；7—用于导电的裸露部分；8—药皮部分；9—焊条；10—焊缝金属；11—地线夹头；12—渣防护层；13—焊接熔池；14—气体保护；15—焊条端部分形成的套筒；16—焊件；17—焊条药皮

5.2.1.1　电弧

手弧焊其熔化的热源是电弧，即当焊条与焊件瞬时接触时，发生短路，强大的短路电流流经少数几个接触点，致使接触处温度急剧升高并熔化，甚至部分发生蒸发。当焊条迅速提起2~4mm时，焊条端头的温度已升得很高，在两电极间的电场作用下，产生了热电子发射。飞速的电子撞击焊条端头与焊件间的空气，使这层空气电离成正离子和负离子。电子和负离子流向正极，正离子流向负极。这些带电质点的定向运动在两极之间的气体间隙内产生电流，形成强烈持久的放电现象（即电弧）。空气在一般情况下是不导电的，因此人是自由自在的，但是在一定条件下也会导电，例如在雷雨天。当一部分云层与另一部分云层之间或云层与大地之间有极高的电压时，二者之间的空气就会导电并发生弧光，这就是常看到的闪电现象。同样，在电气设备中的两个电极之间（正负两极）也有一定的空气间隙，它在一定的电压情况下也能导电（即通过电流）而产生弧光。

5.2.1.2　极性

焊接电弧是由阴极、弧柱和阳极三个部分组成。如图5-4所示，弧柱呈锥形，弧柱四周被弧焰所包围。电弧产生的热量比较集中，金属电极产生的热量温度为3000~3800℃，但弧柱中心的温度可达6000℃，因此电弧焊多用于厚度在3mm以上的焊件。在使用直流电焊机时，电弧的极性是固定的，即有正极（阳极）和负极（阴极）之分；而使用交流电焊机时，由于电源周期性地改变极性，故无固定的正负极，焊条和焊件两极上的温度及热量分布趋于一致。

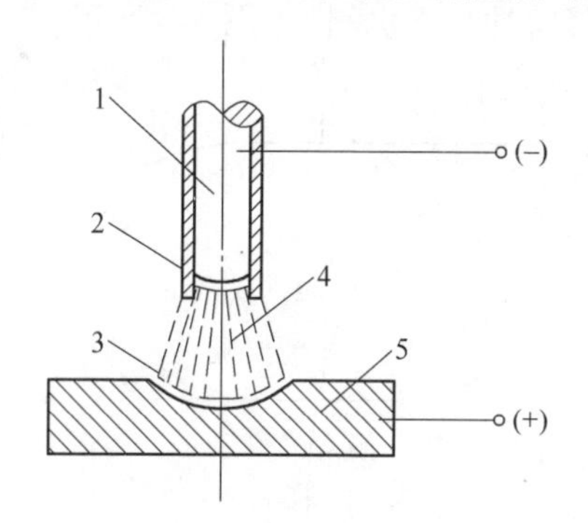

图5-4　电弧结构示意图

1—焊条；2—阴极区；3—阳极区；4—弧柱区；5—焊件

5.2.2　焊机

手弧焊的主要设备是弧焊机（简称电焊机）。电焊机是焊接电弧的电源，电焊机按所提供的焊接电流种类不同可分为交流电焊机和直流电焊机两类。

我国电焊机的型号采用汉语拼音字母和阿拉伯数字来表示，其型号的编制次序及含义如下（方框代表字母代号；表示数字）所示：

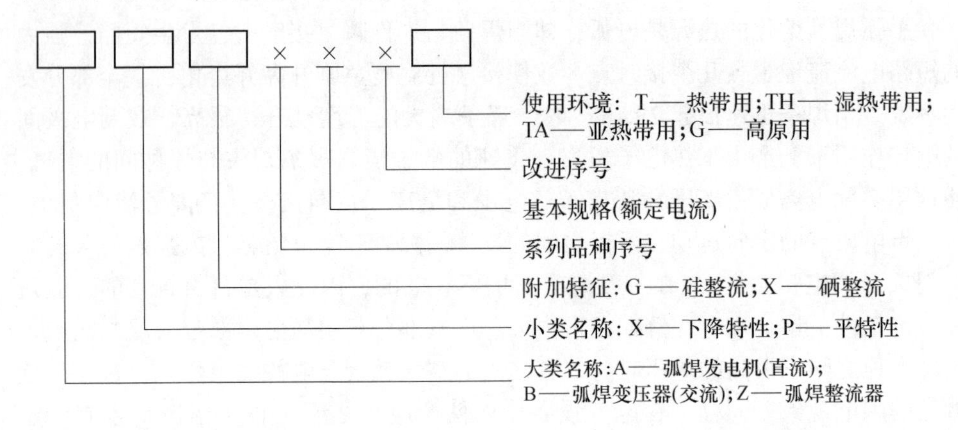

5.2.2.1　交流电焊机

交流电焊机又称弧焊变压器，是一种特殊的降压变压器。它是由降压变压器、阻抗调节器、手柄和焊接电弧等组成。为了使焊接顺利进行，这种变压器电源能按焊接过程的需要而具有陡降的特性。一般的用电设备都要求电源的电压不随负载的变化而变化，其电压是恒定的［为 380V（单相）或 220V］。虽然接入焊接变压器的电压是一定的（为 380V 或 220V），但通过这种变压器后所输出的电压可随输出电流（负载）的变化而变化，且电压随负载增大而迅速降低，此称为陡降特性（或称下降特性），其特性如图 5-5 所示。

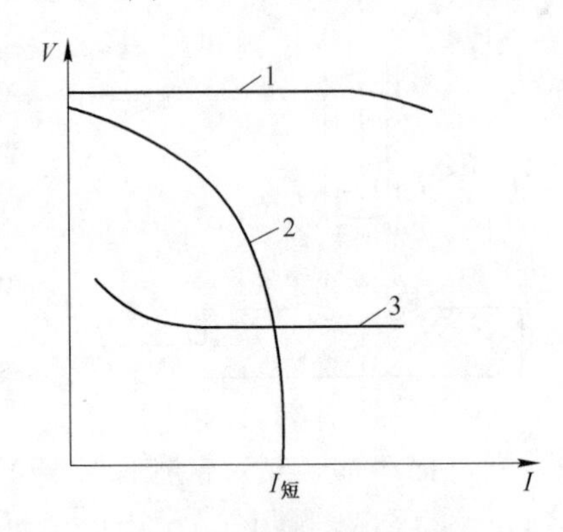

图 5-5　焊接电源特性

1—普通电源的特性曲线；2—焊接电源的特性曲线；3—焊接电弧的静特性曲线

焊接时所需的电压包括：

（1）初级电压，即接入电焊机的外电压。由于弧焊变压器初级线圈两端要求的电压为单项 380V，因此一般交流电焊机接入电网的电压为单项 380V。

（2）零电压。为了保证焊接过程（焊条与焊件接触）频繁短路时，电压能自动降至（或趋近于）0，以限制短路电流不致无限增大而烧毁电源。

（3）空载电压。为了满足引弧与安全的需要，空载（焊接）时，要求空载电压约为60~80V，这既能顺利起弧，又对人身比较安全。

（4）工作电压。焊接起弧以后，要求电压能自动下降到电弧正常工作所需的电压（即工作电压），为20~40V。此电压也为安全电压。

（5）电弧电压（即电弧两端的电压）。此电压是在工作电压的范围内。焊接时，电弧的长短会发生变化，电弧长度长时，电弧电压应高些；电弧长度短时，电弧电压应低些。因此，弧焊变压器应适应电弧长度的变化而保证电弧的稳定。

5.2.2.2 具有焊接电流的可调节性

为了适应不同材料和板厚的焊接要求，焊接电流能从几十安培调到几百安培，并可根据工件的厚度和所用焊条直径的大小任意调节所需的电流值。BX3-300型交流弧焊机如图5-6所示。其中，电流的调节一般分为两级，一级是粗调，常用改变输出线头的接法（Ⅰ位置连接或Ⅱ位置连接），从而改变内部线圈的圈数来实现电流大范围的调节，粗调时应在切断电源的情况下进行，以防止触电伤害；另一级是细调（BX3-300型结构），常用改变电焊机内“可动铁芯”（动铁芯式）或“可动线圈”（动圈式）的位置来达到所需电流值，细调节的操作是通过旋转手柄来实现的，当手柄逆时针旋转时电流值增大，手柄顺时针旋转时电流减小，细调节应在空载状态下进行。BX3-300型结构如图5-7所示。各种型号的电焊机粗调与细调的范围，可查阅标牌上的说明。

常用的交流电焊机型号有BX3-300、BX1-330、BX1-400、BX3-500等。实习中使用的型号有BX3-300，其型号含义如下所示：

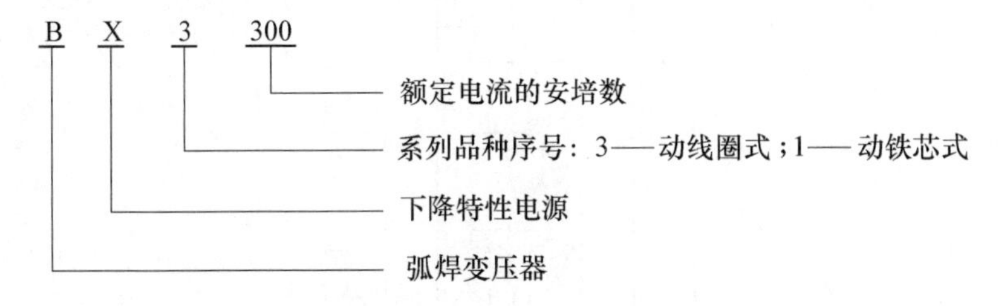

BX3-300交流电焊机电流的粗调范围为：在接线Ⅰ位置时为40~125A；在接线Ⅱ位置为120~400A。

交流电焊机结构简单，价格便宜，噪声小，使用可靠，维修方便，但电弧稳定性较差，有些种类的焊条使用受到限制。在我国交流电焊机使用非常广泛，优先选用交流电焊机主要适于使用酸性焊条焊接各种黑色金属的手工电弧焊工艺，对短小焊缝、不规则焊缝比较适宜；另外还可作为铝合金交流钨极氩弧焊、埋弧自动焊及半自动焊的焊接电源。

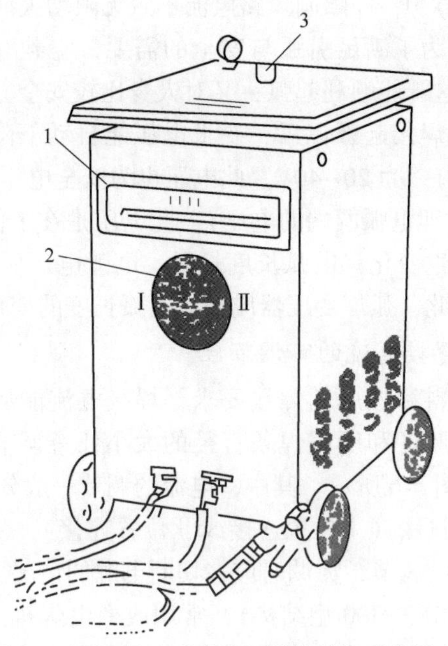

图 5-6　BX3-300 型交流弧焊机结构示意图

1—电流指示牌；2—转换开关；3—调节手柄

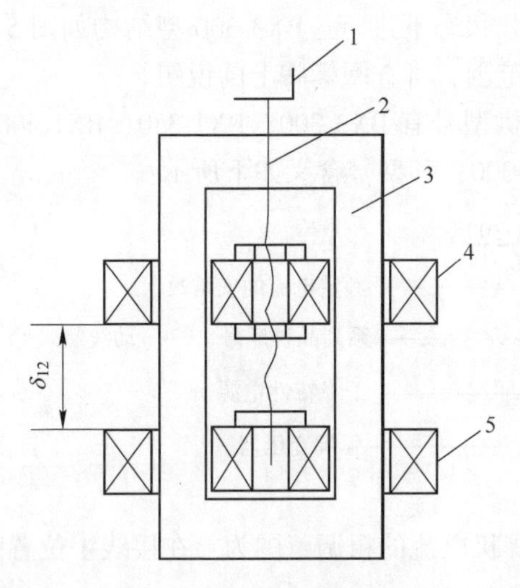

图 5-7　BX3-300 型结构示意图

1—手柄；2—调节螺杆；3—铁芯；4—次级线圈（可动）；5—初级线圈

5.2.2.3　整流器式电焊机

整流式直流电焊机又称弧焊整流器或整流焊机，其结构如图 5-8 所示。整流弧焊机是由交流变压器、整流器、磁饱、电抗器、输出电抗器和控制系统等组成。其中整流器是由大功率硅整流元件构成，它是将电流由交流变为直流供焊接使用。磁饱和电抗器相当于是一个很大的电感，使电源获得下降特性。焊接电流的调节是通过电流控制器来改变磁饱和电抗器控制绕组中直流电的大小。整流弧焊机的输入端电压一般为单相 220V 、380V 或三相 380V，空载电压一般为 60~90V，工作电压一般为 25~40V。

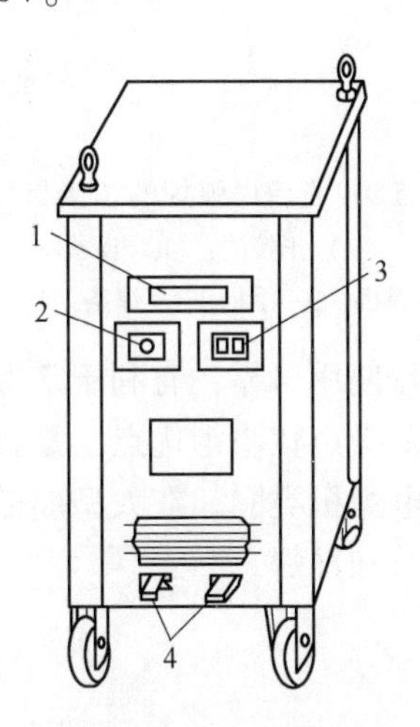

图 5-8　整流器式直流电焊机结构示意图

1—电流指示；2—电流调节；3—电源开关；4—输出接头

常用的整流弧机型号有 ZXG-300 和 ZXG-500 等，其型号含义如下：

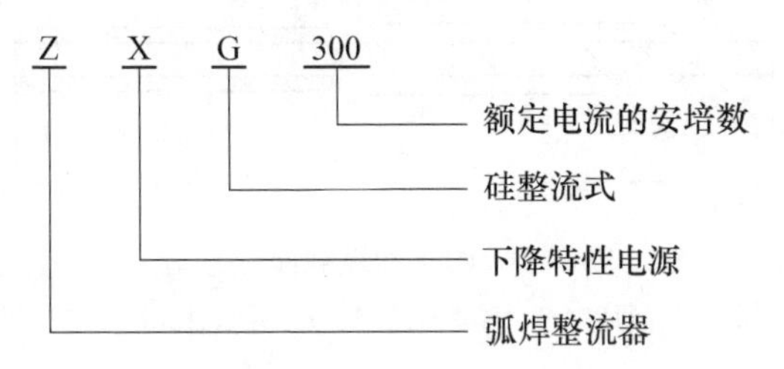

在直流电焊机中，电弧有固定的极性，而且两极的热量高低是不相同的。阳极产生的电弧热量较多约占 42%，阴极为 38%，弧柱为 20%。因此，在使用直流电焊机时，有 2 种接法（见图 5-9）：

(1) 正接法。当焊件是厚板时，由于局部加热熔化所需的热量比较多，焊件应接电焊机的正极（阳极），而电焊条接电焊机的负极（阴极）。

(2) 反接法。当焊件不需要强烈加热时，例如堆焊或对铸铁、高碳钢、有色金属和薄板件等，焊件应接负极（阴极），而电焊条接正极（阳极）。但在使用碱性焊条时，均采用直流反接法。

整流弧焊机是一种优良的电弧焊电源，由于电流方向不随时间的变化而变

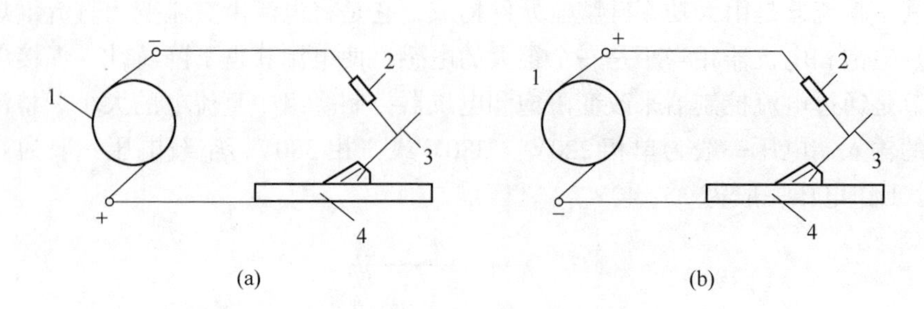

图 5-9　直流电弧焊的正接与反接

（a）正接法；（b）反接法

1—焊机；2—手把；3—焊条；4—工件

化，因此电弧燃烧稳定，运行使用可靠，有利于掌握和提高焊接质量。另外，整流弧焊机也具有维修方便以及噪声较小等优点，是我国手弧焊机发展的方向。直流电焊机的适用范围与交流电焊机类同。在大型船舶上，经常用直流电焊机对一些易损机件、管路等进行修补和堆焊。

5.2.3　电焊条

电焊条（简称焊条）是涂有药皮的供手弧焊用的熔化电极。焊条是由焊芯和药皮两部分组成，其结构如图 5-10 所示。

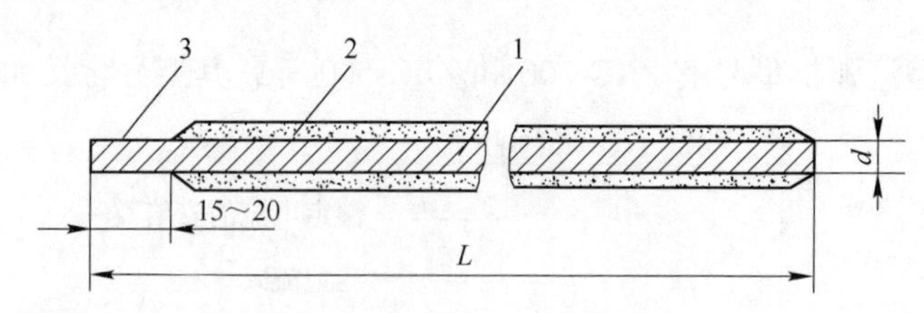

图 5-10　焊条的纵截面示意图

1—焊芯；2—药皮；3—焊条夹持端；d—焊条直径；L—焊条长度

焊芯是焊条内的金属丝。它的作用包括：

（1）起到电极的作用，即传导电流，产生电弧。

（2）形成焊缝金属。焊芯熔化后，其液滴过渡到熔池中作为填充金属，并与熔化的母材熔合后，经冷凝成为焊缝金属。

为了保证焊缝金属具有良好的塑性和韧性，以及减少产生裂纹的倾向，焊芯需经特殊冶炼的焊条钢拉拔制成，它与普通钢材的主要区别在于低碳、低硫和低磷。

焊芯牌号的标法与普通钢材的标法相同，如常用的焊芯牌号有 H08、H08A 和 H08SiMn 等。在这些牌号中的含义是：“H” 是 “焊” 字汉语拼音首字母，读音为“焊”，表示焊接用实芯焊丝；其后的数字表示含碳量，如“08”表示含碳量（质量分数）为0.08 % 左右；再其后的字母则表示质量和所含化学元素，如“A”（读音为高），则表示含硫、磷较低的高级优质钢，又如“SiMn”则表示含硅与锰的元素（质量分数）均小于1%（若大于1% 的元素则标出数字）。焊条的直径是焊条规格的主要参数，它是由焊芯的直径来表示的。常用的焊条直径有2~6mm，长度为250~450mm。一般细直径的焊条较短，粗焊条则较长，其部分规格见表5-2。

表 5-2 焊条直径和长度规格

焊条直径/mm	2.0	2.5	3.2	4.0	5.0	5.8
焊条长度/mm	250	250	350	350	400	400
	—	—	—	400	—	—
	300	300	400	450	450	450

药皮是压涂在焊芯上的涂料层，它是由矿石粉、有机物粉、铁合金粉和黏结剂等原料按一定比例配制而成。药皮的主要作用包括：

（1）改善焊条的焊接工艺性能。容易引燃电弧，稳定电弧燃烧，并减少飞溅等。

（2）机械保护作用。药皮熔化后造成气体和熔渣，隔绝空气，保护熔池和焊条熔化后形成的熔滴不受空气的侵入。

（3）冶金处理作用。去除有害元素（氧、氢、硫、磷），添加有用的合金元素，改善焊缝质量。

5.2.4 焊条的分类、型号和牌号

5.2.4.1 焊条的分类

焊条的品种繁多，有如下分类方法：

（1）按用途进行分类。我国现行的新国标按用途分为8大类型，其分别为碳钢焊条、低合金钢焊条、不锈钢焊条、堆焊焊条、铸铁焊条及焊丝、镍及镍合金焊条、铜及铜合金焊条和铝及铝合金焊条。

（2）按药皮熔化成的熔渣化学性质分类，可将焊条分为酸性焊条和碱性焊条两大类。

（3）按焊接工艺、冶金性能要求和焊条的药皮类型来分类，可将焊件分为10大类，如氧化钛型、钛钙型、低氢钾型和低氢钠型等。

5.2.4.2 焊条的型号

焊条型号是以焊条国家标准为依据，反映焊条主要特性的一种表示方法。碳

钢焊条型号的编制方法为：字母“E”表示焊条；E 后的前两位数字表示熔敷金属抗拉强度的最小值，单位为 MPa（原用 kgf/mm^2 = 9.81MPa）；第三位数字表示焊条的焊接位置，若为“0”（或“1”）则表示焊条适用于全位置焊接（即可进行平、立、仰、横焊），“2”表示焊条适用于平焊及平角焊，“4”表示焊条适用于向下立焊；第三位和第四位数字组合时表示药皮类型及焊接电流种类，如为“03”表示钛钙型药皮、交直流正反接，如“15”表示低氢钠型、直流反接。

其中，E4315 型号含义如下：

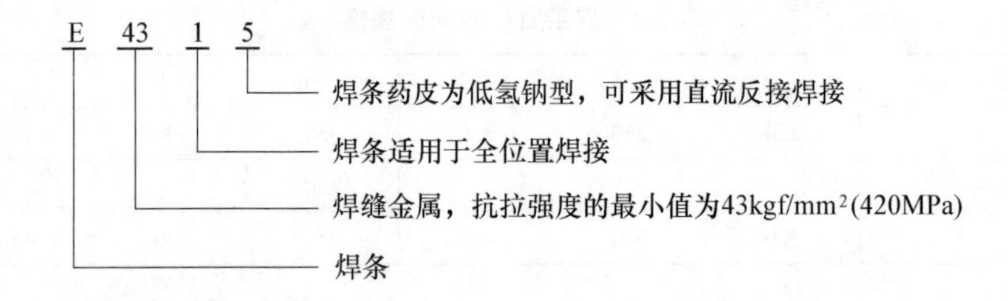

5.2.4.3　焊条的牌号

焊条牌号是指除焊条国家标准的焊条型号外，考虑到国内各行业对原部标的焊条牌号印象较深，因此仍保留了原焊条分 10 大类的牌号名称。其编制方法为：每类电焊条的第一个大写汉语特征字母表示该焊条的类别，例如 J（或“结”）代表结构钢焊条（包括碳钢和低合金钢），A 代表奥氏体铬镍不锈钢焊条等。特征字母后面有三位数字，其中前两位数字在不同类别焊条中的含义是不同的，对于结构钢焊条而言，此两位数字表示焊缝金属最低的抗拉强度，单位是 kgf/mm^2；第三位数字均表示焊条药皮类型和焊接电源要求。

其中，J422（相当于国标焊条型号 E4303）型号含义如下：

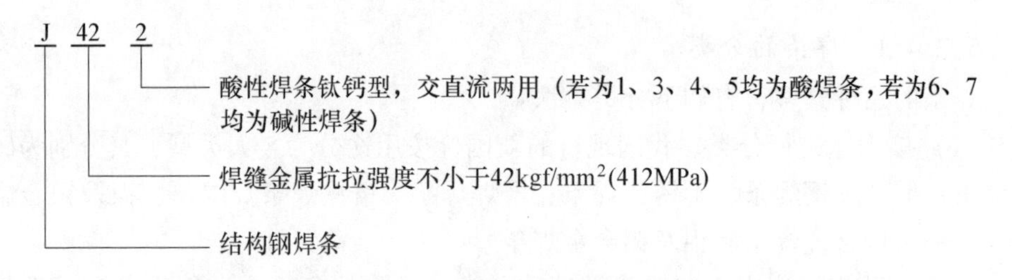

两种常用碳钢焊条型号和其相应的原牌号见表 5-3。

表 5-3　两种常用碳钢焊条

型号	原牌号	药皮类型	焊接位置	电流种类
E4303	结 422	钛钙型	全位置	交流、直流
E5015	结 507	低氢钠型	全位置	直流反接

5.2.5　手弧焊工艺

5.2.5.1　焊接接头与坡口形式

A　焊接接头

焊接接头是指用焊接方法把两部分金属连接起来的连接部分，它包括焊缝、熔合区和热影响区。焊缝是焊接接头的一部分，焊缝的形式是由焊接接头的形式来决定的。根据焊件厚度、结构形状和使用条件的不同，最基本的焊接接头形式包括：

（1）对接接头，即对接接头焊缝，简称对接。其结构如图 5-11（a）所示。

（2）角接接头，即角接接头焊缝，简称角接。其结构如图 5-11（b）所示。

（3）T 形接头，即 T 形接头焊缝，简称丁字接。其结构如图 5-11（c）所示。

（4）搭接接头，即搭接接头焊缝，简称搭接。其结构如图 5-11（d）所示。

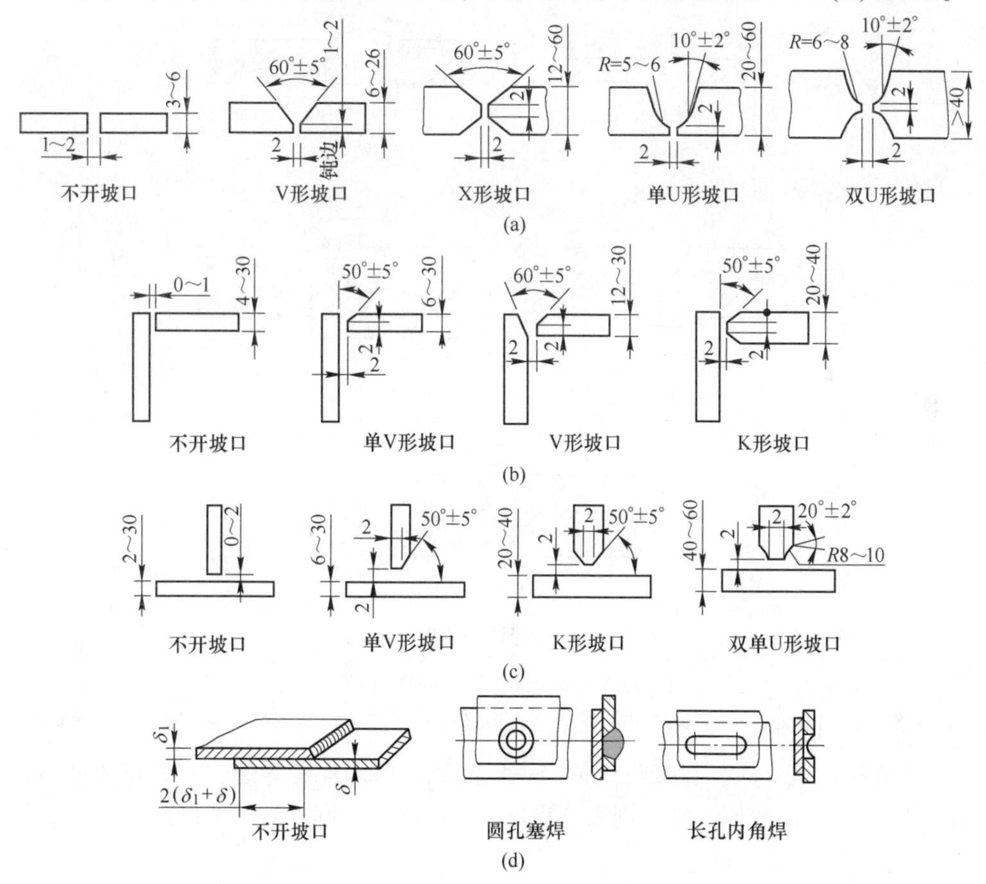

图 5-11　焊接接头形式和坡口形式

（a）对接接头；（b）角接接头；（c）T 形接头；（d）搭接接头

其中，对接接头受力比较均匀，使用最多，重要的受力焊缝应尽量选用。

B　坡口形式

焊接前把两焊件间的待焊处加工成所需的几何形状称为坡口（俗称开坡口）。坡口的作用是为了保证电弧能深入焊缝根部，使根部能焊透，以便清除熔渣，以获得较好的焊缝成形和保证焊缝质量。

选择坡口形式时，应考虑如下问题：

（1）是否能保证焊缝焊透；

（2）坡口形式是否容易加工，应尽可能提高劳动生产率、节省焊条；

（3）焊后变形量尽可能小等。

常用的坡口形式有 I 形、U 形、V 形、K 形和 X 形等。其结构如图 5-12 所示。

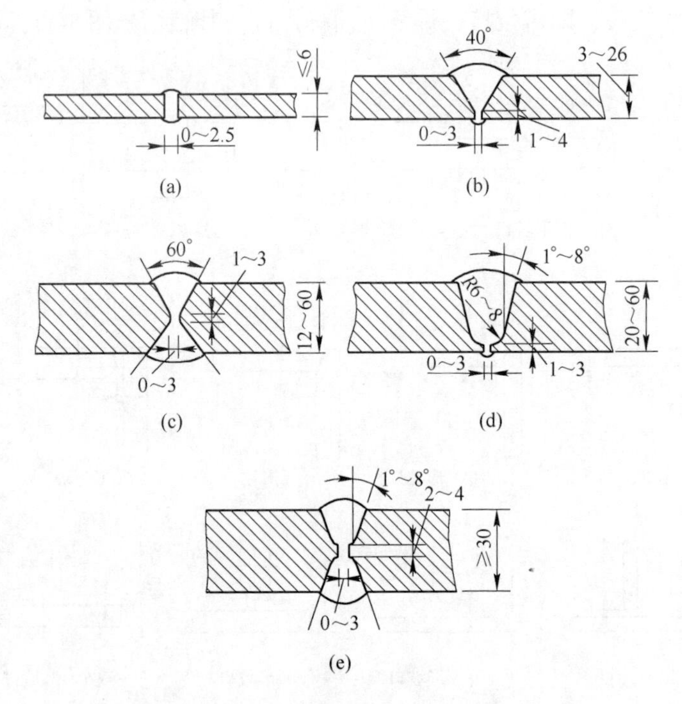

图 5-12　对接接头的不同坡口形式

(a) I 形坡口；(b) 带钝边 V 形波口；(c) 带钝边 X 形坡口；(d) 带钝边 U 形坡口；(e) 带钝边双 U 形坡口

当焊接薄工件时，在接头处留出一定间隙，即能保证焊透，此为正边坡口；对于大于 6mm 的较厚工件，则需开出坡口；搭接接头则不需开坡口。

5.2.5.2　焊接的空间位置

焊缝在结构上的位置不同时，对施焊的难易程度影响很大，从而也影响了焊接质量和生产率。对接与角接焊接空间位置如图 5-13 所示。一般把焊缝按空间位置的不同分为4类，分别为平焊、立焊、横焊和仰焊。其中平焊操作方便，劳动强度小，焊接液滴不会外流，飞溅较少，易于保证质量，是最理想的操作空间位置，应尽可能地采用；立焊和横焊焊接液滴有下流倾向，不易操作，而仰焊位置最差，液滴易万滴，操作难度大，不易保证质量，所以应尽可能安排在平焊位置施焊。

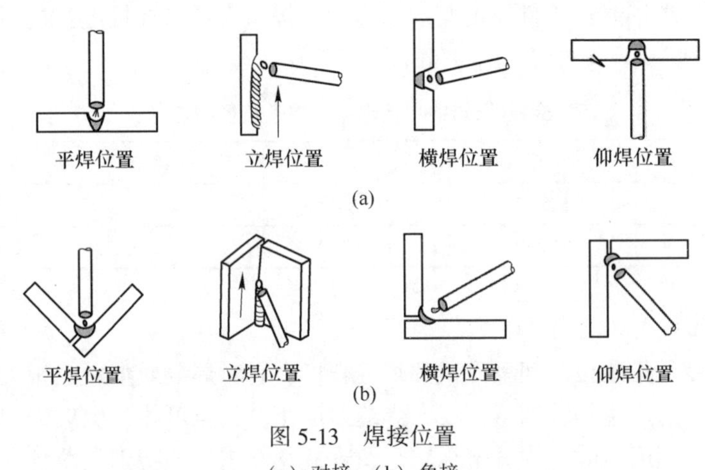

图5-13　焊接位置

(a) 对接；(b) 角接

5.2.5.3　焊接规范参数的选择

焊接规范是指焊接过程中工艺参数值。要获得质量优良的焊接接头，就必须合理地选择焊接工艺参数。工艺参数有：焊接电流，电源种类和极性，焊接速度、道数和层数，焊条直径，焊缝的长度、宽度、厚度和弧长等。其中焊接电流是最重要的工艺参数，它直接影响焊接接头质量和生产率，其次是焊条直径、焊接速度和焊接层数等。

A　焊条直径与焊接电流的选择

手弧焊工艺参数的选择一般是先根据工件厚度选择焊条直径，然后根据焊条直径选择焊接电流。焊接电流的选择一般参考的经验公式为：

$$I = (30 - 50)d \tag{5-1}$$

式中　I—— 焊接电流，A；

d—— 焊条直径，mm。

按式（5-1）选择的焊接电流只是一个大概的数值，实际工作时还要根据工件厚度、接头形式、焊接位置、焊接种类和焊工技术等因素，通过试焊调整确定焊接电流。还可以考虑如下因素来决定电流的大小：

（1）焊件传热快时，使用电流要小；回路电阻高时，使用电流要大。

（2）若焊条直径不变，厚钢板比薄钢板的电流要大。

（3）立焊与仰焊的电流，要比平焊小15%～20%；角焊电流要比平焊电流大。

(4) 快速焊接电流要大于一般焊速电流。

在焊接过程中也可根据下列情况粗略判断电流的大小：若电弧声很大，弧光很强，焊条有较大的爆裂声，熔化金属飞溅多，焊条熔化很快并且过于发热发红、熔池过大，药皮成块状脱落，焊缝下陷甚至烧穿等，都说明电流过大。

在焊接低碳钢时，工件厚度与焊条直径，焊条直径与焊接电流的对应值见表5-4。

表 5-4　低碳钢焊接电流、焊条直径的选择

工件厚度 δ/mm	2	3	4~8	8~12
焊条直径 d/mm	1.6~2	2.5~3.2	3.2~4	4~5
焊接电流 I/A	55~60	100~130	160~210	220~280

B　焊接速度的选择

焊接速度是指单位时间里完成的焊缝长度，它对焊缝质量影响很大。当焊接速度过快时，易产生焊缝的熔深浅，焊缝宽度小，甚至可能产生夹渣和焊不透的缺陷；当焊接速度慢时，焊缝熔深较深，焊缝宽度增加，特别是薄件易烧穿。手弧焊时，焊接速度由焊工凭经验掌握，一般在保证焊透的情况下，应尽可能增加焊接速度。

C　焊弧长度的选择

焊弧长度是指焊接电弧的长度。电弧长度超过焊条直径者为长弧，反之为短弧。当电弧过长时，燃烧不稳定，熔深减小，空气易侵入熔池产生缺陷。因此，操作时尽量采用短弧才能保证焊接质量，即弧长 $L=0.5\sim1d$（mm），一般多为2~4mm。

所用焊接工艺参数是否正确，不但影响焊缝成形（见图 5-14），而且影响焊接质量。

5.2.6　手弧焊的基本操作

5.2.6.1　焊接接头处的清理

焊接前接头处应除尽铁锈、油污，以便于引弧、稳弧和保证焊缝质量。除锈要求不高时，可用钢丝刷；要求高时，应采用砂轮打磨。

5.2.6.2　操作姿势

以对接和丁字形接头的平焊从左向右进行操作为例，其操作如图 5-15 所示。操作者应位于焊缝前进方向的右侧，左手持面罩，右手握焊钳。左肘放在左膝上，以控制身体上部不作向下跟进动作。大臂必须离开肋部，不要有依托，应伸展自由。

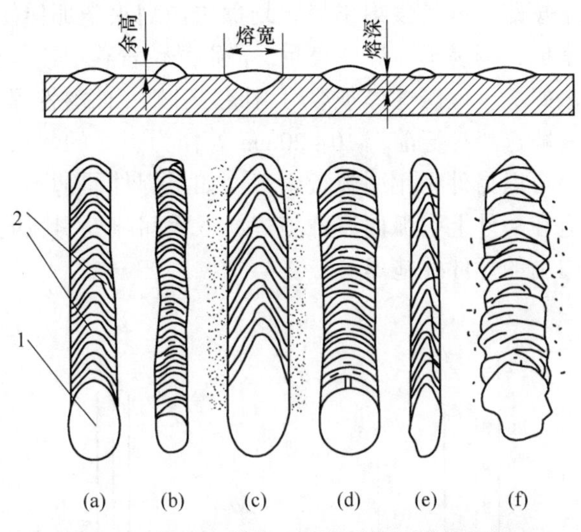

图 5-14 电流、焊速、弧长对焊缝形状的影响

（a）电流、焊速合适；（b）电流太小；（c）电流太大；（d）焊烟太慢；（e）焊速太快；（f）电弧太长

1—弧坑；2—焊波

图 5-15 焊接时的操作姿势

（a）平焊；（b）立焊

5.2.6.3 引弧

引弧是指使焊条与焊件之间产生稳定的电弧，以加热焊条和焊件进行焊接。常用的引弧方法有划擦法和敲击法（见图 5-16）。焊接时将焊条端部与焊件表面通过划擦（或轻敲）后迅速将焊条提起 2～4mm 距离，电弧即被引燃。若焊条提起距离太高，则电弧立即熄灭；若焊条与焊件接触时间太长，就会粘条，这时可左右摆动拉开焊条重新引弧；若焊条与焊件经接触而未起弧，往往是焊条端部有药皮等妨碍了导电，这时就应将这些绝缘物清除，直到露出焊芯金属表面。2 种

引弧方法的原理是短路热电子发射引燃。划擦法像划火柴那样使焊条摩擦焊件，不易粘条，便于掌握，但易损坏焊件表面，特别是位置狭窄或焊件表面不允许损伤时，不如敲击法好。一般碱性焊条常用划擦法引弧，而酸性焊条 2 种引弧方法皆可。焊接时，一般选择焊缝前端 10～20mm 处作为引弧的起点。对焊接表面要求很光滑的焊件，可以另外采用引弧板引弧。如果焊件厚薄不一致、高低不平、间隙不相等，则应在薄件上引弧向厚件施焊，从大间隙处引弧向小间隙处施焊，由低的焊件引弧向高的焊件处施焊。

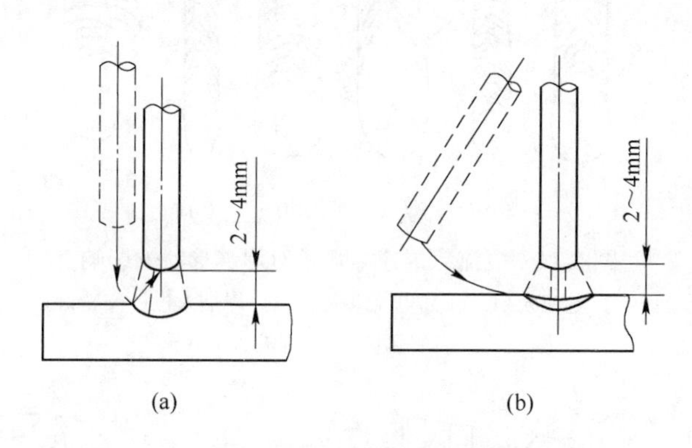

图 5-16 引弧方法

（a）敲击法；（b）划擦法

5.2.6.4 运条

焊条的操作运动简称为运条。焊条的操作运动实际上是一种合成运动，即焊条同时完成的 3 个基本动作是：焊条的前移运动，焊条向熔池的送进运动，焊条的横向摆动。运条的基本动作如图 5-17 所示。

A 焊条的前移运动

焊条前移运动的速度称为焊接速度。握持焊条前移时，首先应掌握好焊条与焊件之间的角度。各种焊接接头在空间的位置不同，其角度有所不同。平焊时，焊条应向前倾斜 70°～80°（见图 5-18），即焊条在纵向平面内，与正在进行焊接的一点上垂直于焊缝轴线的垂线，向前所成的夹角。此夹角影响填充金属的熔敷状态、熔化的均匀性和焊缝外形，能避免咬边与夹渣，有利于气流把熔渣吹后覆盖焊缝表面以及对焊件有预热和提高焊接速度等作用。

B 焊条的送进运动

送进运动是沿焊件的轴线向焊件方向的下移运动。维持电弧是靠焊条均匀的送进，以逐渐补偿焊条端部的熔化过渡到熔池内。进给运动应使电弧保持适当长度，以便稳定燃烧。

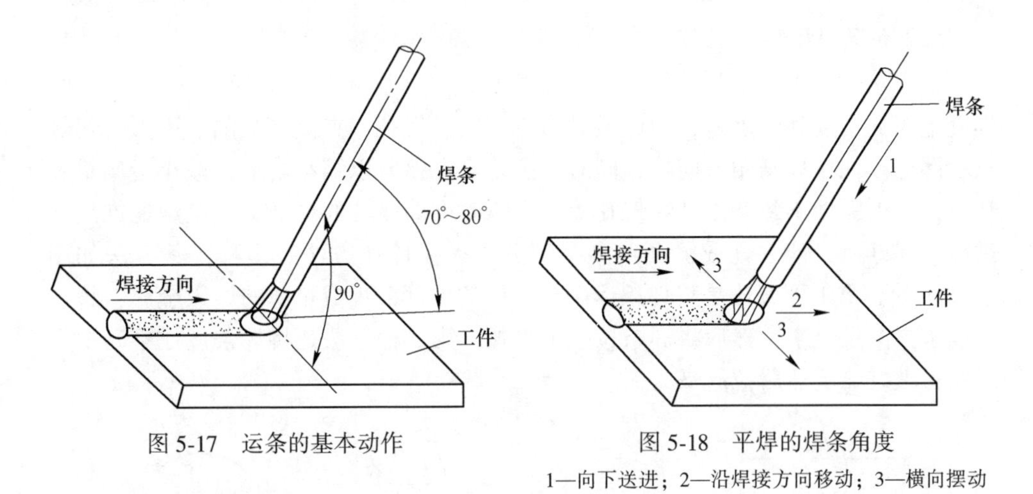

图 5-17　运条的基本动作

图 5-18　平焊的焊条角度

1—向下送进；2—沿焊接方向移动；3—横向摆动

C　焊条的摆动

焊条的摆动是指焊条在焊缝宽度方向上的横向运动，其目的是为了加宽焊缝，并使接头达到足够的熔深，同时可延缓熔池金属的冷却结晶时间，有利于熔渣和气体浮出。焊缝的宽度和深度之比称为宽深比，窄而深的焊缝易出现夹渣和气孔。手弧焊的宽深比为 2~3。焊条摆动幅度越大，焊缝就越宽。焊接薄板时，不必过大摆动（直线运动即可），这时的焊缝宽度为焊条直径的 0.8~1.5 倍；焊接较厚的焊件，需摆动运条，焊缝宽度可达直径的 3~5 倍。根据焊缝在空间的位置不同，摆动运条方法的种类有直线形、左右形、往复直线形、锯齿形、月牙形、三角形、圆圈形和八字形等。其运条方法如图 5-19 所示。

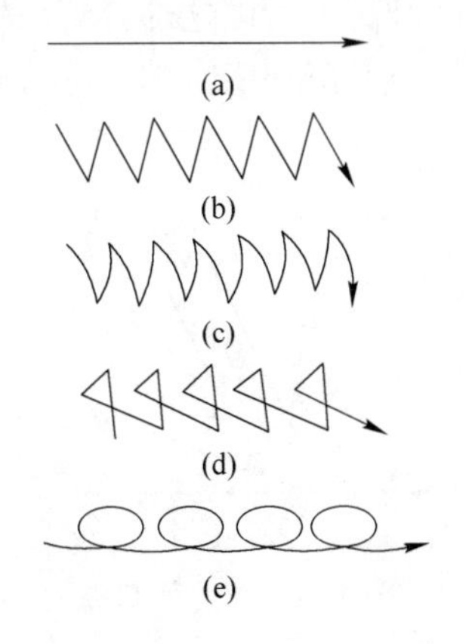

图 5-19　运条方法

（a）直线形；（b）锯齿形；（c）月牙形；（d）三角形；（e）圆圈形

综上所述，当引弧后运条时，要掌握好焊条角度、电弧长度和焊接速度。同时要注意，电流要合适、焊条要对正、电弧要低、焊速不要快、力求均匀。

5.2.6.5　灭弧（熄弧）

在焊接过程中，电弧的熄灭是不可避免的。灭弧不好，会形成很浅的熔池，焊缝金属的密度和强度差，因此最易形成裂纹、气孔和夹渣等缺陷。灭弧时将焊条端部逐渐往坡口斜角方向拉，同时逐渐抬高电弧，以缩小熔池，减小金属量及热量，使灭弧处不致产生裂纹气孔等。灭弧时堆高弧坑的焊缝金属使熔池饱满地过渡，焊好后，锉去（或铲去）多余部分。灭弧操作方法有多种，其方法如图5-20所示。第1种方法是将焊条运条至接头的尾部，焊成稍薄的熔敷金属，将焊条运条方向反过来，然后将焊条拉起来灭弧；第2种方法是将焊条握住不动一定时间，填好弧坑然后拉起来灭弧。

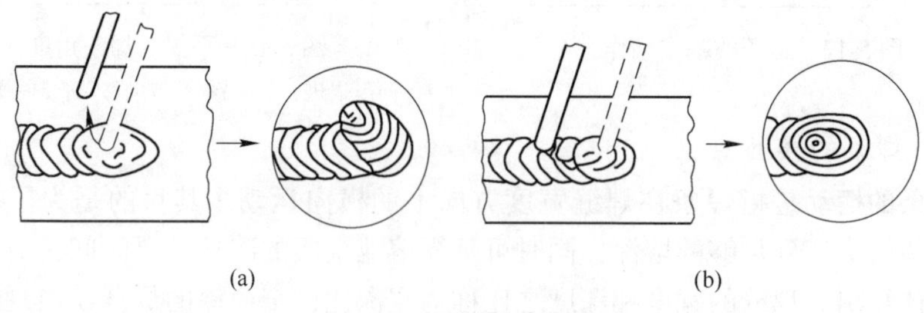

图5-20　灭弧操作方法

（a）在焊道外侧灭弧；（b）在焊道上灭弧

5.2.6.6　焊缝的起头、连接和收尾

A　焊缝的起头

焊缝的起头是指刚开始焊接的部分。在一般情况下，因为焊件在未焊时温度低，引弧后常不能迅速使温度升高，所以这部分熔深较浅，使焊缝强度减弱。为此，应在起弧后先将电弧稍拉长，以利于对端头进行必要的预热，然后适当缩短弧长进行正常焊接见图5-21。

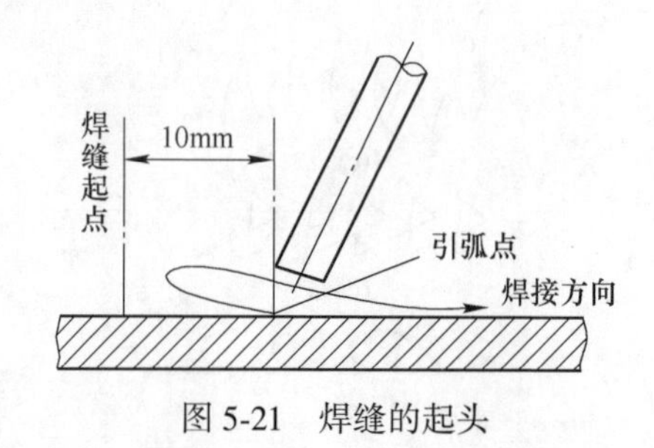

图5-21　焊缝的起头

B　焊缝的连接

手弧焊时，由于受焊条长度的限制，不可能1根焊条完成1条焊缝，因而出现了2段焊缝前后之间连接的问题。应使后焊的焊缝和先焊的焊缝均匀连接，避免产生连接处过高、脱节和宽窄不一的缺陷。常用的连接方式如图5-22所示。

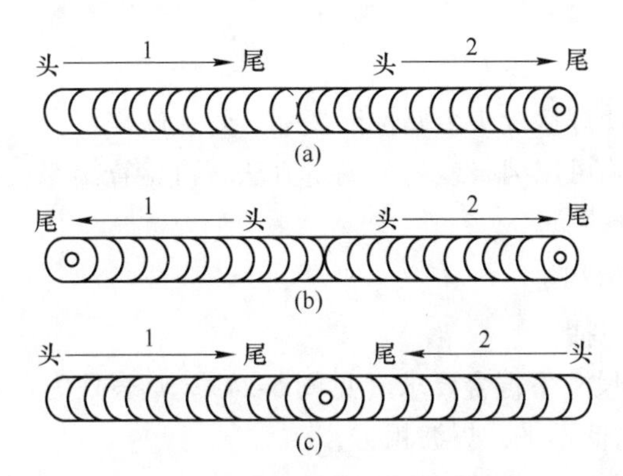

图 5-22 焊接接头的几种情况

（a）后焊焊缝的起头与先焊焊缝的结尾相接；

（b）后焊焊缝的起头与先焊焊缝的起头相接；

（c）后焊焊缝的结尾与先焊焊缝的结尾相接

C 焊缝的收尾

焊缝的收尾是指1条焊缝焊完后，应把收尾处的弧坑填满。当1条焊缝结尾时，如果熄弧动作不当，则会形成比母材低的弧坑，从而使焊缝强度降低，形成裂纹。碱性焊条因熄弧不当而引起的弧坑中常伴有气孔出现，所以不允许有弧坑出现。因此，必须正确掌握焊段的收尾工作，一般收尾动作包括（见图5-23）：

（1）划圈收尾法。电弧在焊段收尾处作圆圈运动，直到弧坑填满再拉断电弧。此方法最宜用于厚板焊接中。

（2）反复填补法。在焊段收尾处，在较短时间内，电弧反复熄灭和点燃数次，直到弧坑填满。此方法多用于薄板和多层焊的底层焊中。

（3）后移收尾法。电弧在焊段收尾处停住，同时改变焊条的方向，由位置1移至位置2，待弧坑填满后，再稍稍后移至位置3，然后慢慢拉断电弧。此方法对碱性焊条较为适宜。

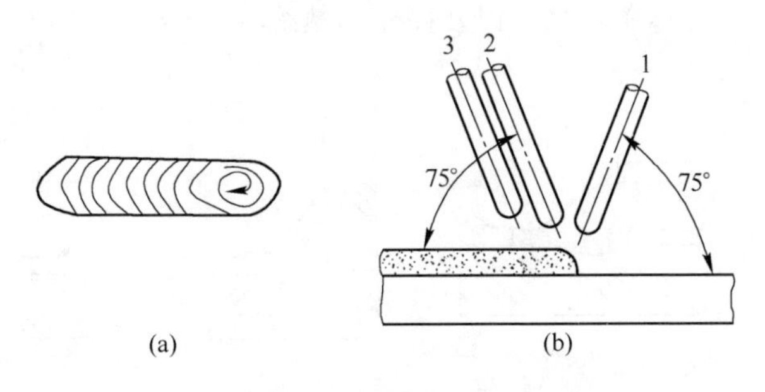

图 5-23 焊段收尾方法

（a）划圈收尾法；（b）后移收尾法

5.2.7 焊接缺陷

焊接缺陷是指使焊接接头金属性能变坏。焊接缺陷可分为外部缺陷和内部缺陷两大类。外部缺陷可用肉眼或简单测量方法就可检查出来；内部缺陷是用眼和外部检查不出来的缺陷。

5.2.7.1 外部缺陷

外部缺陷主要包括：

（1）焊缝外形尺寸不符合要求（见图 5-24）。其表现为：

1）焊缝表面高低不平，焊波粗劣；

2）焊道宽度不均匀，焊缝时宽时窄；

3）焊缝的加强过高或过低；

4）焊缝成形不良等。

这些问题不仅使焊缝成形难看，还会影响焊缝与母材的结合，造成应力集中或不能保证接头强度，影响结构的安全使用。主要原因是：焊接坡口角度不当或装配间隙不均匀；焊接电流过大或过小；焊条角度不合适及运条速度不均匀等。

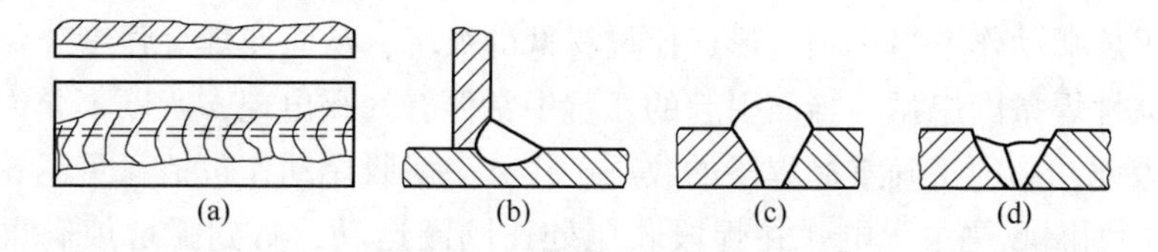

图 5-24　焊缝尺寸不符合要求

（a）高低不平、宽窄不齐；（b）单边；（c）余高过高；（d）余高过低

（2）焊瘤（见图 5-25）。在焊接过程中，熔化金属流敷在未熔化的母材上，或凝固在焊缝上所形成的金属瘤称为焊瘤（也称满溢）。焊瘤下面常有未焊透缺陷，易造成应力集中，又影响焊缝外观。管道内的焊瘤还会减小有效截面，甚至造成堵塞。出现焊瘤的主要原因是：焊接电源波动太大，电弧过长，焊速太慢，焊件装配间隙太大，运条不当，以及操作不熟练等。

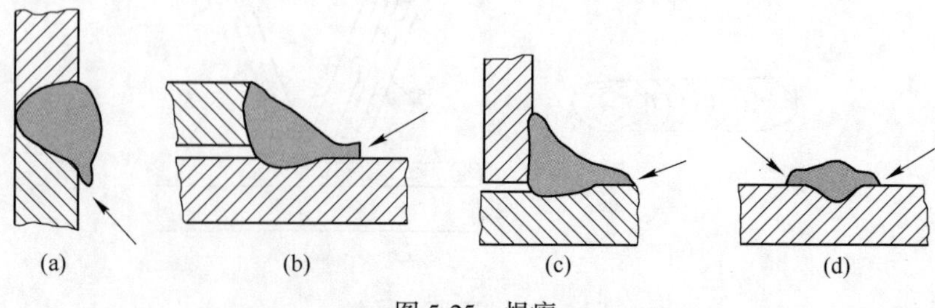

图 5-25　焊瘤

（a）横焊时；（b）搭接角焊时；（c）T 接角焊时；（d）堆焊时

(3) 咬边（见图5-26）。咬边是指焊缝的边缘被电弧而造成的沟槽（或凹陷），也称咬肉。其中，咬边使母材有效截面减少，不仅减弱了焊接接头强度，而且容易造成应力集中，承载后可能在此处产生裂纹。特别重要的焊件不允许存在咬边，承受动载荷的焊件，母材的咬边深度不得大于0.5mm，承受静载荷的焊件也不得大于1mm。出现咬边的主要原因是：平焊时，焊接电流过大，电弧过长或运条速度不合适；角焊时，焊条角度或电弧长度不当。

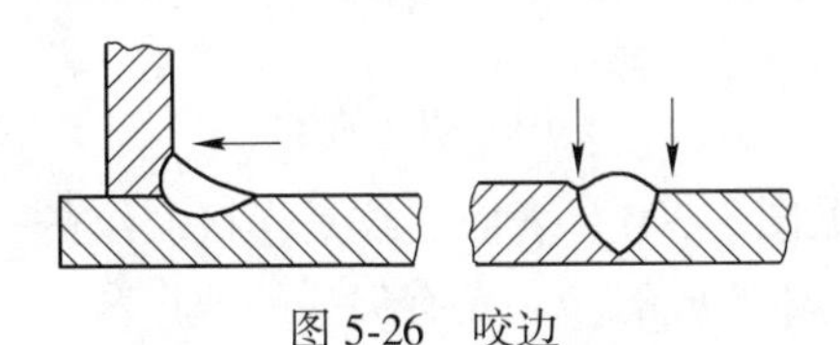

图5-26　咬边

(4) 弧坑（见图5-27）。弧坑是指在焊缝末端或焊缝接头处，低于母材表面的局部凹坑。它不仅使该处焊缝的强度严重减弱，而且导致弧坑内产生气孔、夹渣或微小裂纹。所以在熄弧时一定要填满弧坑，使焊缝高于母材。

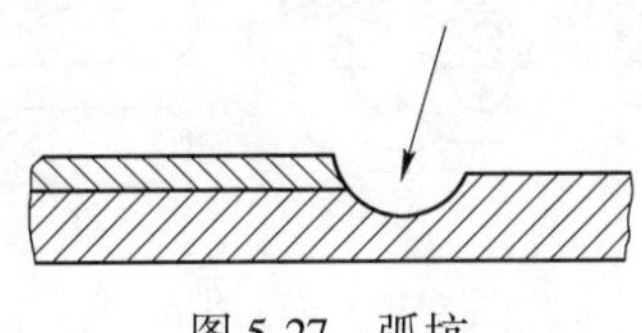

图5-27　弧坑

(5) 表面气孔（见图5-28）。表面气孔是由于焊缝液体金属中熔解的气体在冷却和结晶时来不及析出而残留下来所形成的空穴。气孔可分为密集气孔、条虫状气孔和针状气孔等。其中，气孔分布可以是均匀的密集的和单个的。有的气孔可露在焊缝表面，即称表面气孔（或外气孔）；有的则隐藏于焊缝金属内部，即称为内气孔。气孔对强度和塑性有影响，还会破坏焊缝金属的连续性，降低了结构的密封性。有些气密性要求高的结构是不允许存在气孔的。

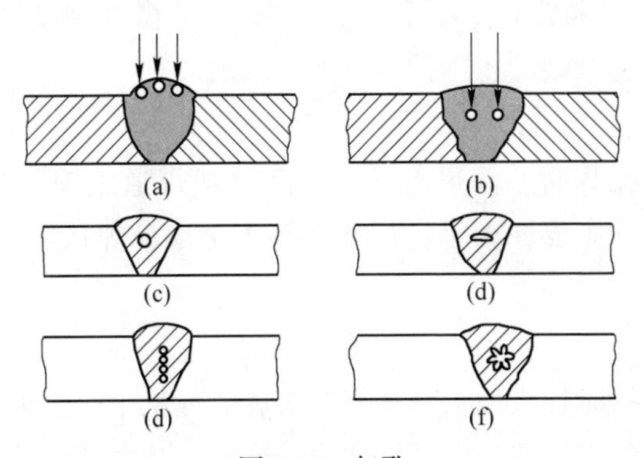

图5-28　气孔

(a) 表面气孔；(b) 内气孔；(c) 圆形气孔；(d) 椭圆气孔；(e) 链状气孔；(f) 蜂窝状气孔

（6）烧穿（见图 5-29）。烧穿是指在焊接过程中，熔化金属自坡口背面流出形成穿孔的缺陷。烧穿使该处焊缝强度显著减小，也影响外观，因此必须避免。出现烧穿的主要原因是焊接电流过大、焊接速度过慢和焊件间隙过大。

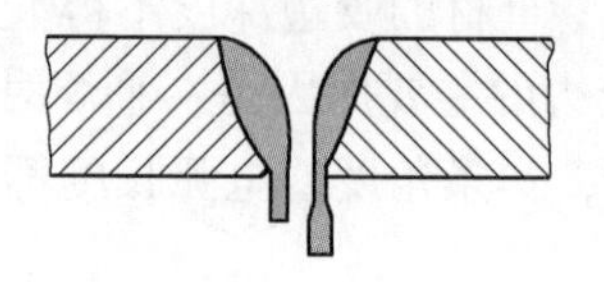

图 5-29　烧穿

（7）表面裂纹（见图 5-30）。表面裂纹是焊接裂纹的一种，是焊接接头表面局部地区的结合遭受破坏形成的。它具有尖锐的缺口和大的长宽比，在焊件工作中会扩大，甚至可使结构突然断裂，是接头中最危险的缺陷，一般不允许存在。

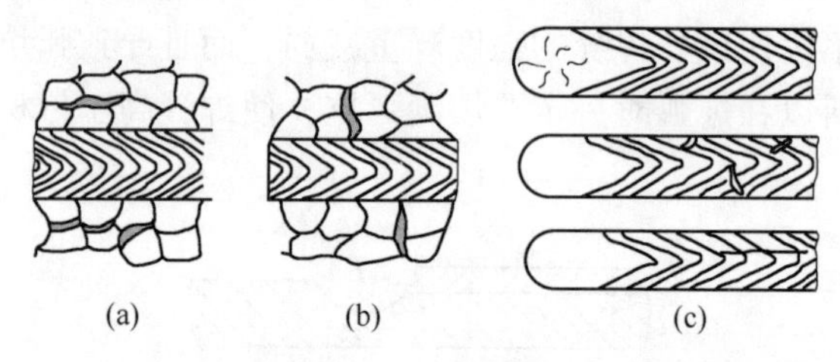

图 5-30　表面裂纹

（a）纵向裂纹；（b）横向裂纹；（c）弧坑裂纹

（8）变形（见图 5-31）。这种缺陷表现为焊接结构的接头变形和翘曲超过了产品允许的范围。常见的焊接变形有角变形、弯曲变形、波浪形变形和扭曲变形等。出现变形的主要原因是对焊件进行了局部的不均匀加热的结果。

5.2.7.2　内部缺陷

焊缝接头内部缺陷以裂纹、未焊透、夹渣、未熔合、气孔和接头金属组织缺陷（如铸造组织、过热组织、偏析、层化、疏松、微观裂纹和非金属夹杂物等）的形式表现出来，它们会严重降低焊缝的承载能力。

A　未熔合

未熔合是指手弧焊时，焊道与母材之间（或焊道之间）未完全熔化结合的部分。出现未熔合的主要原因是：层道清渣不干净，焊接电流太小，焊条偏心，以及焊条摆动幅度太窄等。

B　未焊透

未焊透是指焊接时接头的根部未完全熔透的现象。产生未焊透的部位往往也存在夹渣，连续性的未焊透是一种极危险的缺陷，在大部分结构中是不允许存在的。未焊透如图 5-32 所示。其中，出现未焊透的主要原因是：焊接电流太小，

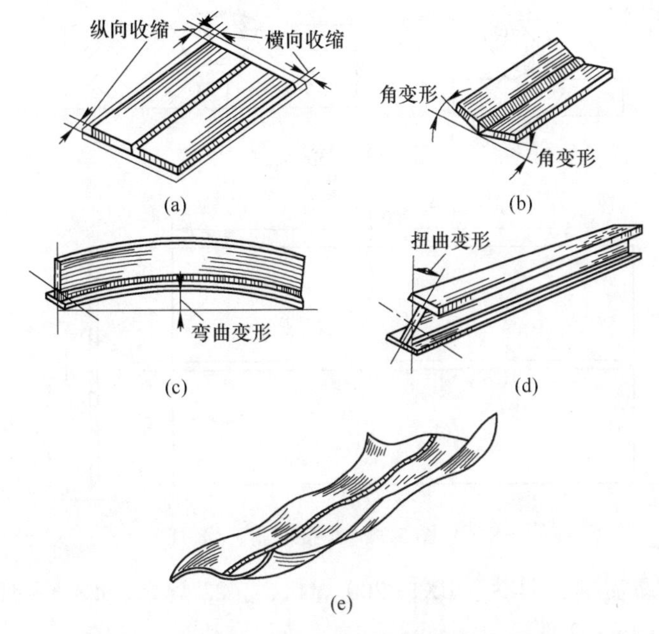

图 5-31 焊接变形的基本形式

（a）收缩变形；（b）角变形；（c）弯曲变形；（d）扭曲变形；（e）波浪变形

焊接速度太快，坡口角度太小，钝边太大，间隙太小，焊条角度不当，以及焊件有厚的锈皮和熔渣等。

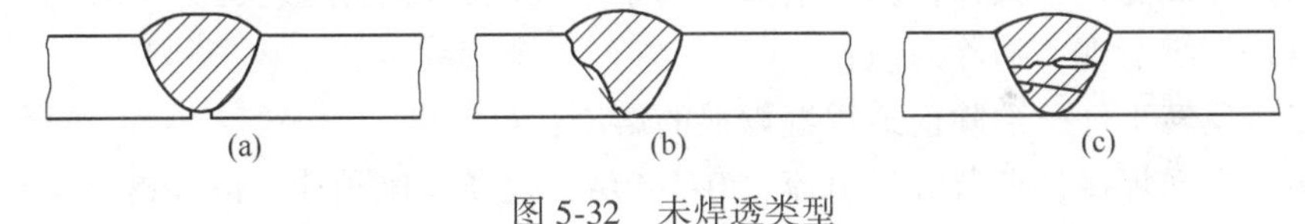

图 5-32 未焊透类型

（a）根部未焊透；（b）边缘未焊透；（c）层间未焊透

C 夹渣

夹渣是指焊后残留在焊缝中的熔渣。夹渣类型如图 5-33 所示。夹渣会降低焊缝的强度，在某些结构中，在保证强度和致密性的条件下，会允许存在一定尺寸和数量的夹渣。其中，出现夹渣的主要原因是：接头边缘未清理干净，坡口太小，焊条直径太粗，焊接电流过小，焊条角度和运条方法不当，以及焊缝冷却速度过快熔渣来不及上浮等。

D 微观裂纹

微观裂纹是指在显微镜下才能观察到的裂纹。它往往会造成预料不到的重大事故，因此比表面裂纹具有更大的危险性，必须充分重视。

【实习操作 5-1】 手工电弧焊对接平焊（见图 5-34）。

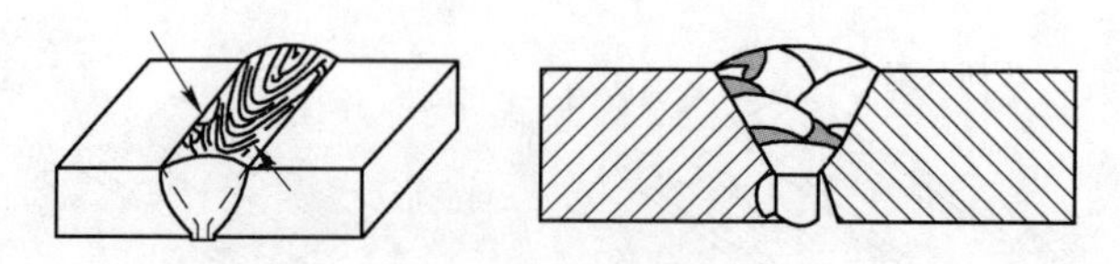

图 5-33　夹渣类型

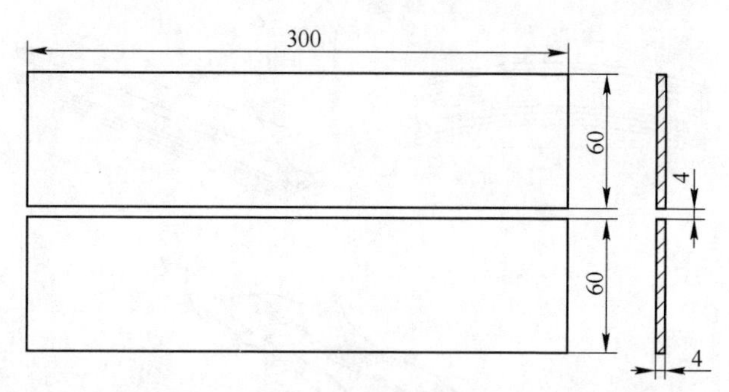

图 5-34　焊接作业

焊接操作所需的工具为：BX1－200 焊机，J422 焊条：ϕ2. 5～ϕ3. 2，钢板：300mm×60mm×4mm 2 件。

焊接操作步骤为：

（1）清除工件油、水、锈等污染物，装备及定位工件；

（2）调节焊机电流 100～120A；

（3）正面焊接，其操作为：引弧→运条→收尾→再引弧接头；

（4）焊缝清理，清除焊渣；

（5）反转工件，清除前道焊缝焊根的熔渣；

（6）反面焊接，调节焊机电流 120～140A，运条速度稍快，以焊透为准；

（7）焊缝清理，清除焊渣；

（8）焊后检验。

6　机电设备拆装

扫一扫免费观看视频讲解

6.1　实习目的与要求

机电装置拆装实习是学生将理论与实际相结合，拓宽知识面，对其基本概念、理论进一步加深理解，提高对本课程知识的综合应用能力。通过顶扇各部件的拆装、检测和调试检验，牢固掌握相关专业知识，提高实践动手能力的重要手段，是学生专业技术训练的重要组成部分。

6.1.1　实习目的

（1）学会分析顶扇的结构及传动原理；

（2）掌握顶扇减速器、支架和连杆等各零部件的构造、分布和安装方式；

（3）掌握顶扇电气工作原理；

（4）掌握一般机电设备拆装方法，正确选择和规范使用拆装用机械设备及工具；

（5）熟悉执行拆装安全操作规程。

6.1.2　实习要求

（1）了解一般机电设备机械结构及传动原理；

（2）了解一般机电设备电气原理；

（3）掌握机电设备拆卸和装配。

6.2　拆装工具

拆装工具包括：游标卡尺，固定扳手，尖嘴钳，螺丝刀，卡簧钳，万用表等。

6.3　拆装主要原理

6.3.1　蜗轮蜗杆减速器

6.3.1.1　组成

蜗杆传动是由蜗杆和蜗轮组成的，用于传递空间交错两轴之间的运动和动力。交错角一般为90°。传动中一般蜗杆是主动件，蜗轮是从动件。蜗轮蜗杆如图6-1所示。

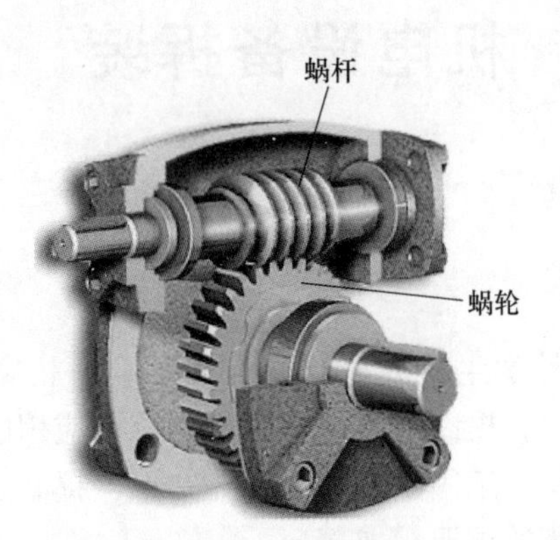

图6-1　蜗轮蜗杆

6.3.1.2　蜗杆传动的特点

蜗杆传动的特点包括：

(1) 传动比大，一般 $i=10\sim80$，最大可达1000；

(2) 重合度大，传动平稳，噪声低；

(3) 结构紧凑，可实现反行程自锁。

如图6-2所示，蜗杆传动的主要缺点为齿面的相对滑动速度大，效率低，蜗轮的造价较高。因此主要用于中小功率，间断工作的场合，同时广泛用于机床、冶金、矿山及起重设备中。

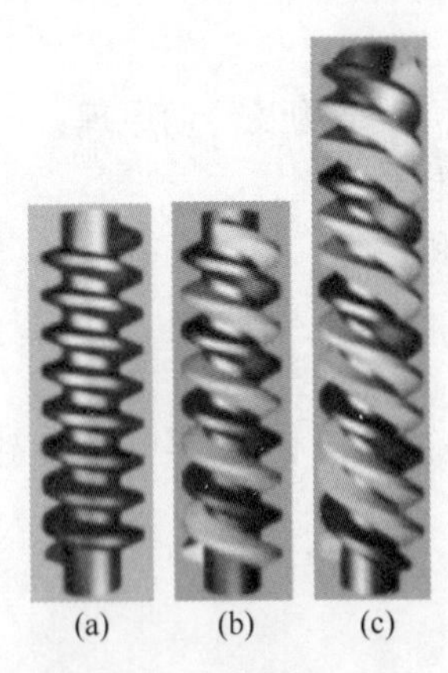

图6-2　蜗杆

(a) 单头蜗杆；(b) 双头蜗杆；(c) 三头蜗杆

6.3.1.3　传动比

传动比的计算公式为：

$$i = \frac{n_1}{n_2} = \frac{z_2}{z_1} \tag{6-1}$$

式中 i——传动比；

n_1——蜗杆转速，r/min；

n_2——蜗轮转速，r/min；

z_1——蜗杆头数；

z_2——蜗轮齿数。

其中，一般取 $z_1 = 1$，2，4，6，$z_2 = 32 \sim 80$。

6.3.2 铰链四杆机构

铰链四杆机构是指由四个杆件通过铰链（转动副）连接而成的平面四杆机构。

铰链四杆机构中各构件名称如图 6-3 所示。其包括：

（1）机架，即机构的固定构件；

（2）连杆，即不直接与机架连接的构件；

（3）连架杆，即与机架用转动副相连接的构件。

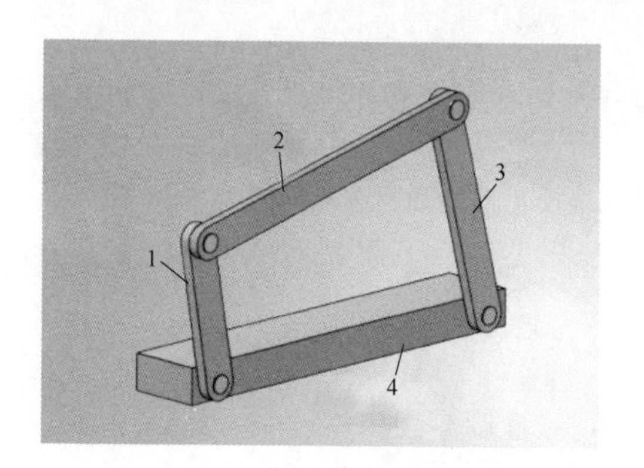

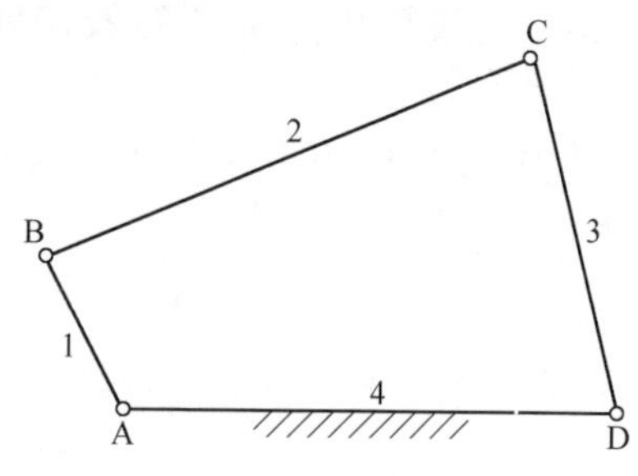

图 6-3 铰链四杆构件

1，3—连架杆；2—连杆；4—机架

其中，连架杆可分为：

（1）曲柄，即能绕机架做整周转动的连架杆（如杆 1）；

（2）摇杆，即只能绕机架作小于 360°的某一角度摆动的连架杆（如杆 3）。

可将铰链四杆机构分为曲柄摇杆机构、双曲柄机构和双摇杆机构。

A 曲柄摇杆机构

两个连架杆中，一个为曲柄，另一个为摇杆，则此铰链四杆机构称为曲柄摇杆机构。曲柄为原动件，做匀速转动；摇杆为从动件，作变速往复摆动。

其中，曲柄摇杆机构的应用包括牛头刨床进给机构、雷达调整机构、缝纫机脚踏机构、复摆式颚式破碎机和钢材输送机等。

B　双曲柄机构

两个连架杆均为曲柄的铰链四杆机构称为双曲柄机构，其机构如图 6-4 所示。

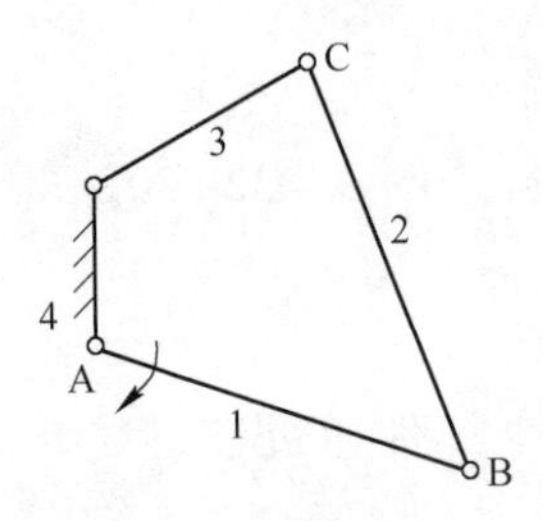

图 6-4　双曲柄机构

1，3—连架杆；2—连杆；4—机架

其中，双曲柄机构应用包括天平机构、火车车轮机构、车坐斗机构、双曲柄插床、装载机铲斗升降机机构等。

C　双摇杆机构

两个连架杆均为摇杆的铰链四杆机构称为双摇杆机构，其机构如图 6-5 所示。

其中，双摇杆机构的应用包括电风扇摇头机构和起重机机构。

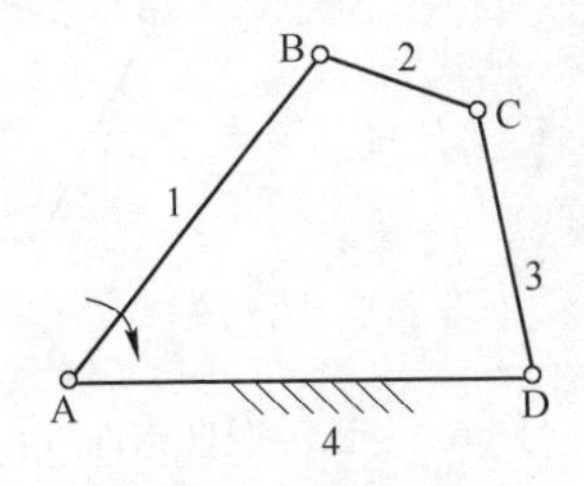

图 6-5　双摇杆机构

1，3—连架杆；2—连杆；4—机架

铰链四杆机构类型的判断条件为：

（1）最短杆与最长杆的长度之和小于其他两杆长度之和，则机构可能存在曲柄。当取最短杆为机架时，为双曲柄机构；当取最短杆为连架杆时，为曲柄摇杆机构；当取最短杆为连杆时，为双摇杆机构。

（2）最短杆与最长杆的长度之和大于其他两杆长度之和，则机构不可能存在曲柄。此机构只能为双摇杆机构。

6.3.3 单相鼠笼式异步电动机

单相异步电动机的类型较多，其基本结构和三相鼠笼式异步电动机相似。但一般有两套定子绕组，一套称为主绕组（也称工作绕组），用以产生主磁场；另一套是辅助绕组（也称启动绕组），用以产生启动转矩。单相异步电动机的结构如图 6-6 所示。

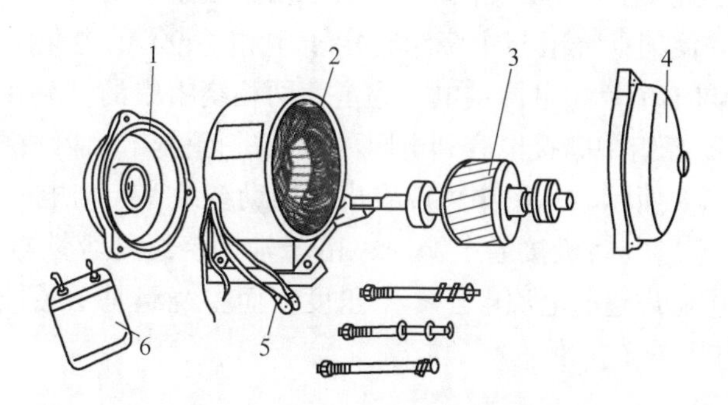

图 6-6 单相异步电动机结构

1—前端盖；2—定子；3—转子；4—后端盖；5—引出线；6—电容器

6.3.3.1 工作原理

在单相异步电动机的主绕组中通入单相交流电后，也会产生磁场，但这个磁场在空间的位置不能形成旋转磁场效应，只是磁场的强弱和方向像正弦交流电那样，随时间按正弦规律作周期性变化，这种磁场称为脉动磁场。脉动磁场如图 6-7 所示。

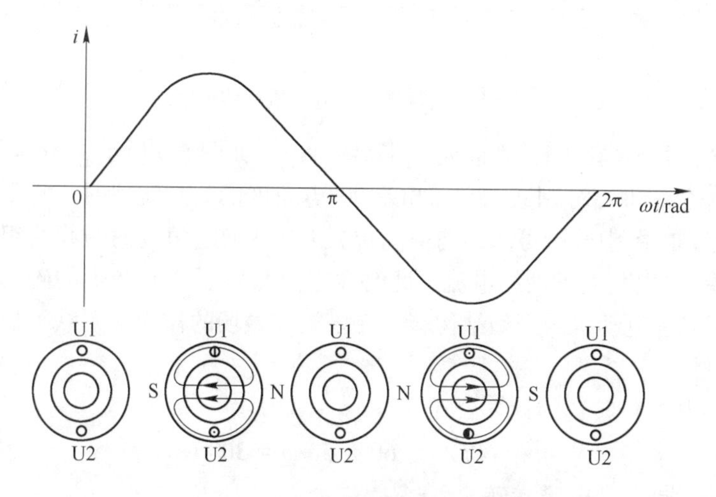

图 6-7 脉动磁场

单相异步电动机的脉动磁场可以认为是由 2 个转速相等、转向相反的旋转磁场合成的。当电动机的转子静止时，2 个旋转磁场分别在转子上产生 2 个大小相等、方向相反的正向转矩和逆向转矩，即合成转矩 $T=0$。因此转子不能自行启动。如果用外力使转子转动一下，这时转子在合成转矩 $T\neq 0$ 的作用下，就会沿着外力的方向转动起来。

6.3.3.2　旋转磁场形成

为了使电动机能自动启动，除在定子铁心槽里嵌放主绕组外，还必须再加嵌 1 个辅助绕组，并使辅助绕组与主绕组在定子中相差 90°的电角度。由于主绕组与辅助绕组是由同 1 个单相电源供电，为了使两相绕组中的电流在时间上有 1 个相位差，可在辅助绕组中串接电容和电阻的方法进行移相。辅助绕组串入电容的电动机接线如图 6-8 所示。从图中可以看出，辅助绕组 WA 与电容器 C 串联后同主绕组 WM 并联，当电动机接通电源时，由于辅助绕组是容性电路（电容量应足够大），所以电流 i_A 超前电源电压 1 个角度，而主绕组是个感性电路，所以电流 i_M 滞后电源电压 1 个角度。

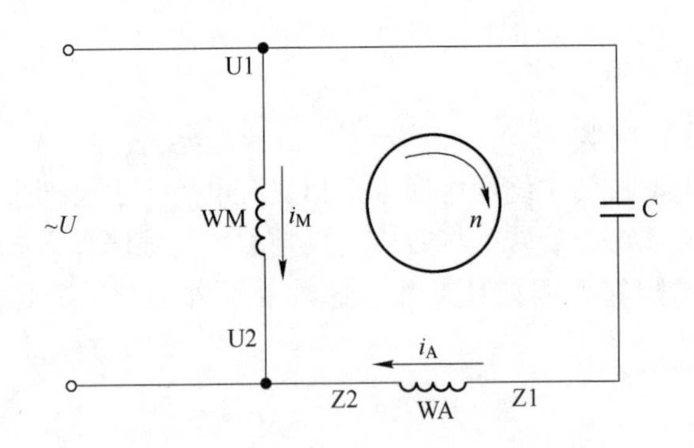

图 6-8　电容移相式电动机接线图

只要电容器选择适当，就能使 i_M 滞后 i_A 90°。如图 6-9 所示，当具有 90°相位差的 2 个电流 i_A 和 i_M 分别通入空间相差 90°电角度的 2 个绕组时，将形成 1 个旋转磁场效应。由图中分析可知，向空间位置互差 90°电角度的两相绕组内，通入时间上互差 90°电角度的两相电流，此时在定子与转子之间产生的磁场即为旋转磁场。单相异步电动机的笼型结构转子在该旋转磁场的作用下，获得启动转矩而旋转。

同步（电磁）转速的计算公式为：

$$n_0 = 60f/p = 60 \times 50/p = 3000/p$$

式中　n_0——同步（电磁）转速，r/s；

f——电源频率，Hz；

p——磁极对数。

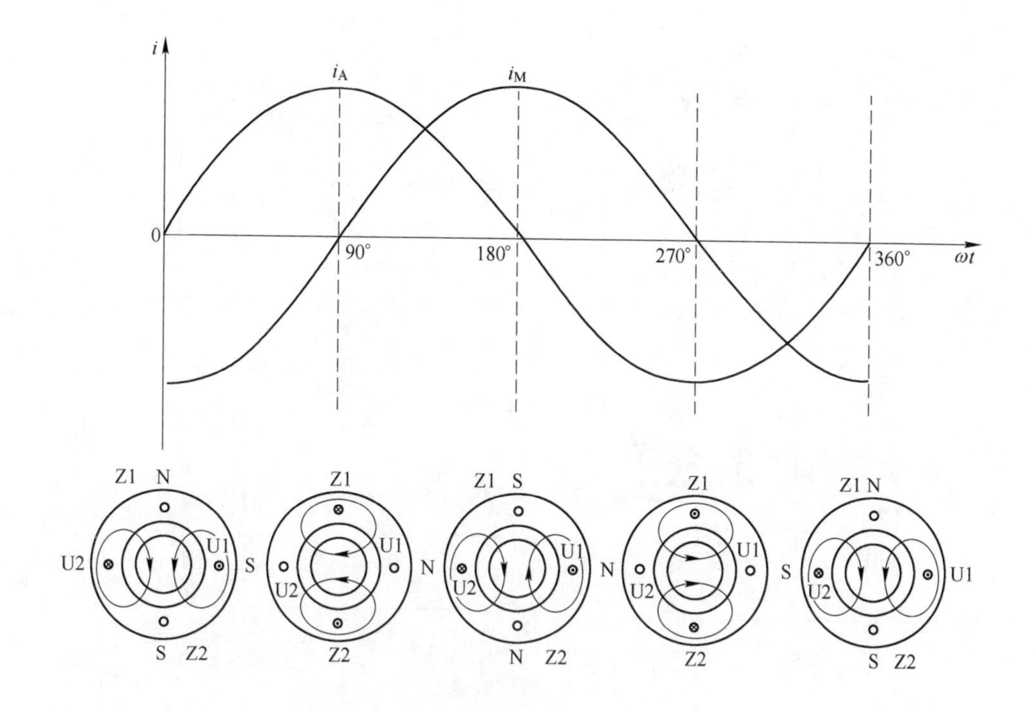

图 6-9 旋转磁场效应

其中，异步电动机的转速 n 小于且接近于同步（电磁）转速 n_0。

6.3.4 电风扇电动机的调速

风扇调速常用抽头调速法、电抗调速、电容调速和可控硅无级调速等，即：

（1）电抗调速。电抗调速是应用电扇电动机输出转矩与外施电压平方成正比关系，实现降压调速。其结构如图 6-10（a）所示。

（2）抽头调速。抽头调速是在定子分布槽内嵌入一组调速绕组，称为中间绕组，用增加中间绕组的几个抽头，相对于改变主绕组的匝数，即增强磁场强度而实现调速。其结构如图 6-10（b）所示。

（3）电容调速。电容调速通过改变串联在电机回路电容达到改变电机工作电压的目的。其结构如图 6-10（c）所示。

（4）可控硅调速。可控硅调速利用可控硅的导通角不同，对通过电机交流电的半周期导通时间进行调节，达到改变电机工作电压的目的，可以实现无级调速。其结构如图 6-10（d）所示。

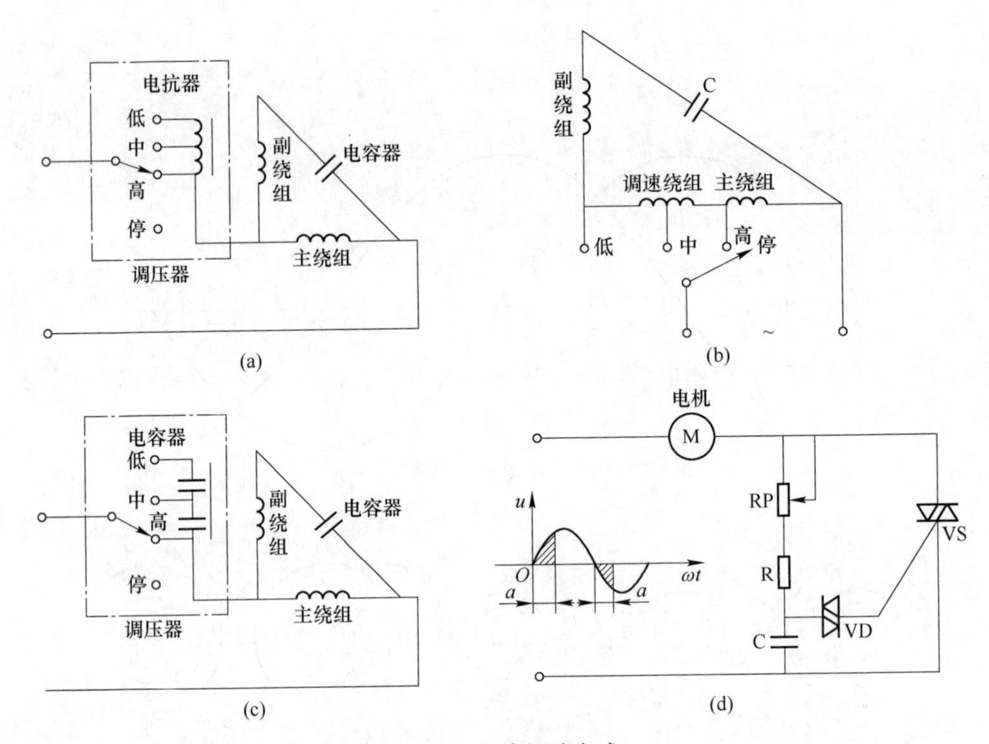

图 6-10　风扇调速方式

（a）电抗调速；（b）抽头调速；（c）电容调速；（d）可控硅调速

6.4　拆装主要工作步骤

拆装的主要工作步骤为：

（1）拆卸，其顺序为：扇叶上罩→扇叶→扇叶下罩→变速器插销→电机连线→变速器插销→矩形框→电机塑料外壳。

（2）用万用表测量电机引出线，判别电机绕组好坏及电机绕组公共端引线。按图 6-11 所示接线，使电机运转，交换运行绕组和启动绕组，使电机分别产生正反转。测量任一转向电机不调速使风扇变速器转速 $n_{变}$。

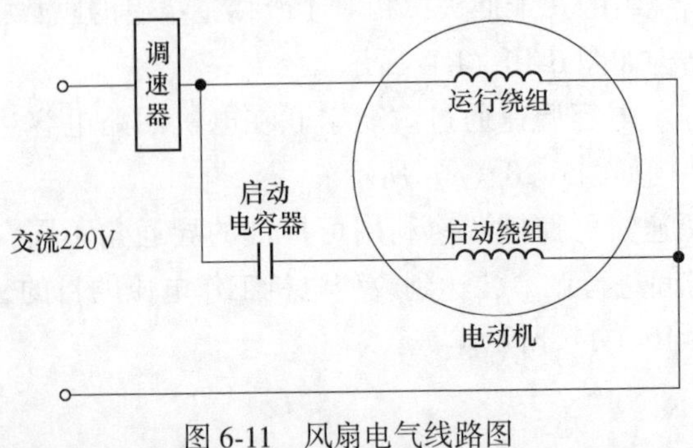

图 6-11　风扇电气线路图

（3）拆卸风扇变速器，研究其蜗轮蜗杆结构及传动原理，计算总传动比 $i_{总}$。

（4）根据公式 $n=i_{总}\cdot n_{变}$ 计算电机转速。将 n 与同步转速 n_0 比较，以判断其正确与否。

（5）安装风扇，安装顺序与拆卸顺序相反。安装完毕后，观察风扇各部位是否正常。若正常后分析风扇摇头机构原理，判断其四杆机构传动类型。

6.5 拆装安全注意事项

拆装安全注意事项包括：

（1）确保风扇各零件安装正确，无错装、漏装情况，不能随意更改螺丝规格，否则造成风扇不能正常工作，甚至损坏风扇电机。

（2）通电前必须确保线路连接正确，无短路、无铜线裸露，电线连接牢固。

（3）通电前确保扇叶安装牢固，扇叶罩安装可靠。风扇转动时，避免身体及衣服与扇叶接触，以免造成伤害。

7 数控车削编程操作

扫一扫免费观看视频讲解

7.1 实习目的与要求

7.1.1 实习目的

(1) 了解 $GSK980TD_C$ 系统数控车床的型号、组成；

(2) 掌握数控车床 G、M 代码与地址符的含义；

(3) 掌握手工编程的思路、步骤与方法；

(4) 掌握数控车床操作面板各键、按钮和开关的含义，并能正确使用；

(5) 熟悉、遵守数控车床操作规程；

(6) 掌握数控车床操作流程并根据零件图编程、加工零件。

其中，实习 1 周的目的为 (1) (4) (5) (6) 4 项；实习 2 周、3 周的目的为 (1) (2) (3) (4) (5) (6) 6 项。

7.1.2 实习要求

(1) 遵守数控车床操作规程，熟悉数控车床的操作面板；

(2) 熟悉数控车床 G、M 代码与地址符的含义，会编写简单零件图的加工程序；

(3) 掌握数控车床操作流程，能使用数控车床加工零件；

(4) 对加工的零件进行检验，能分析零件的缺陷，并提出解决的方案。

其中，实习 1 周的要求为 (1) (3) 2 项；实习 2 周、3 周的要求为 (1) (2) (3) (4) 4 项。

7.2 数控技术基础知识

7.2.1 数控机床的发展

世界上第一台数控机床，是为适应航空工业制造的一种复杂精密零件——检查直升机叶片轮廓用的样板。美国帕森斯公司与麻省理工学院在 1949 年合作研制，于 1955 年正式在美国军队中使用。随着微电子技术与计算机技术的高速发展，决定数控机床整体水平的主要系统——计算机（数控）系统，经历了以下几代的变化：

（1）第一代，1952年起由电子管电路构成的专用数控（NC）；

（2）第二代，1959年起由晶体管数字电路组成的专用数控（NC）；

（3）第三代，1965年起由中、小规模集成数字电路组成的专用数控（NC）；

（4）第四代，1970年起由大规模集成数字电路组成的小型通用计算机数控（CNC）；

（5）第五代，1974年开始采用微处理器和半导体存储器的微型计算机数控（MNC）。

其中数控技术中常见的英文缩写及中文名称为：

（1）NC——数字控制；

（2）CNC——计算机数字控制；

（3）MNC——微型计算机数字控制；

（4）DNC——直接数字控制（分布式数字控制）；

（5）PLC——可编程序逻辑控制器；

（6）CAD——计算机辅助设计；

（7）CAM——计算机辅助制造；

（8）FMS——柔性制造单元；

（9）CIMS——计算机集成制造系统；

（10）CAPP——计算机辅助工艺规划。

7.2.2 数控机床的基本工作原理

数控机床加工零件时，首先应编制零件的数控程序，这是数控机床的工作指令。将数控程序输入到数控装置，再由数控装置控制主运动的变速和启停，进给运动的方向、速度和位移大小，以及其他诸如刀具选择交换、工件夹紧松开和冷却润滑的启、停等动作。数控机床使刀具、工件和其他辅助装置严格按照数控程序规定的顺序、路线和参数进行工作，从而加工出形状、尺寸与精度符合要求的零件。

7.2.3 数控机床加工零件的特点

数控机床加工零件包括以下特点：

（1）能适应不同零件的自动加工；

（2）生产效率和加工精度高，加工质量稳定；

（3）能完成复杂型面的加工；

（4）工序集中，一机多用。

7.3　数控车床及 G 代码讲解

数控车床是数字程序控制车床的简称，它同时具有通用性好的万能型车床、加工精度高的精密型车床和加工效率高的专用型普通车床的特点，是国内使用量最大、覆盖面最广的一种数控机床。

数控车床分为机械和电气两部分。其中，机械部分与普通车床的机械部分几乎一模一样；电气部分实际上就是控制电路和数控系统。工件装夹在主轴轴端，做旋转运动；刀具安装在刀架上，做横向、纵向移动。因此，在普通车床上能够完成的加工内容，在数控车床上都可以完成，如车削内外圆柱、圆锥面、内外（直、锥）螺纹等零件。同时由于数控系统和伺服系统的引入，数控车床还可以加工各种非解析的内外回转表面。GSK980TD$_C$数控车床外观如图 7-1 所示。

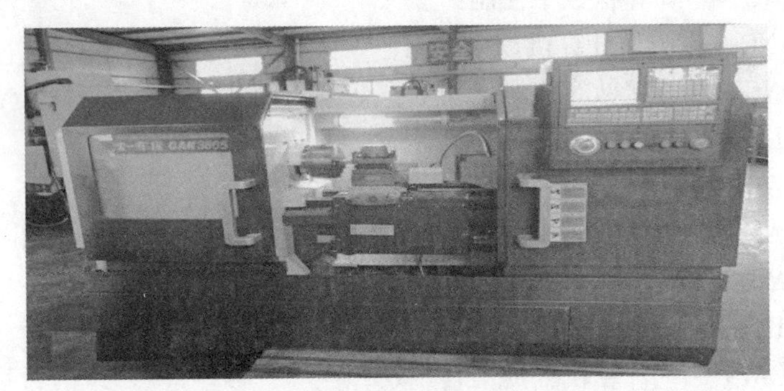

图 7-1　GSK980TD$_C$数控车床外观图

7.3.1　坐标轴

坐标轴分为前置与后置刀架坐标轴，如图 7-2 所示。

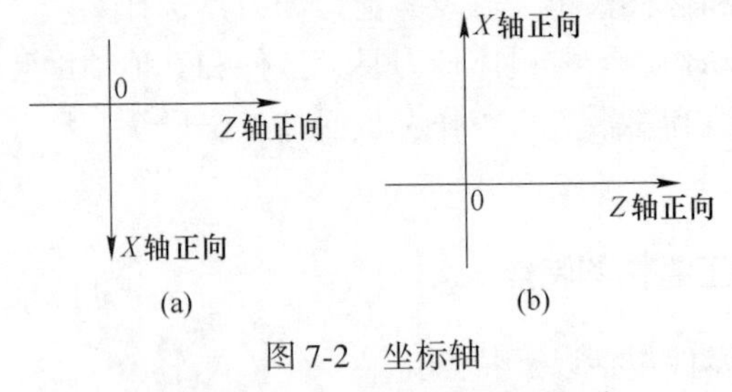

图 7-2　坐标轴

（a）前置刀架坐标；（b）后置刀架坐标

7.3.2　坐标

坐标包括：

（1）绝对坐标。建立工件零点之后，所有的坐标点都以原点开始计算的坐标。

（2）相对坐标。当前坐标相对于前一个坐标的增量值的坐标。

（3）混合坐标。有绝对坐标与相对坐标组合成的坐标。

以前置刀架建立坐标，并读取坐标，如图 7-3 所示。

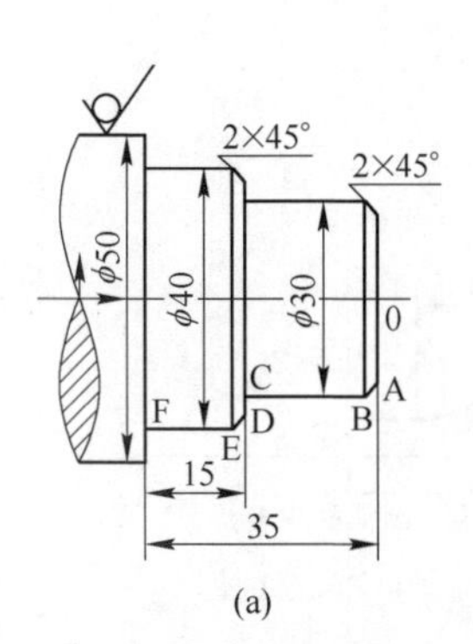

(a)

	绝对坐标		相对坐标		混合坐标	
0 点	X0	Z0	U0	W0	U0	Z0(X0W0)
0—A	X26	Z0	U26	W0	U26	Z0(X26W0)
A—B	X26	Z-2	U4	W-2	U4	Z-2(X26W-2)
B—C	X26	Z-20	U0	W-18	U0	Z-20(X26W-18)
C—D	X36	Z-20	U6	W0	U6	Z-20(X36W0)
D—E	X40	Z-22	U4	W-2	U4	Z-22(X40W-2)
E—F	X40	Z-35	U0	W-13	U0	Z-35(X40W-13)

(b)

图 7-3　零件及坐标值

（a）零件图；（b）坐标

7.3.3　相关的 G 代码

7.3.3.1　快速定位 G00 指令

其格式为 G00 X(U) Z(W)。其中，X(U) Z(W) 为终点坐标。在使用的时候，刀具在不参与切割的情况下都可以使用该指令。

7.3.3.2　直线插补 G01 指令（见图 7-4）

其格式为 G01 X(U) Z(W) F。其中，X(U) Z(W) 为终点坐标，F 为进给速度。

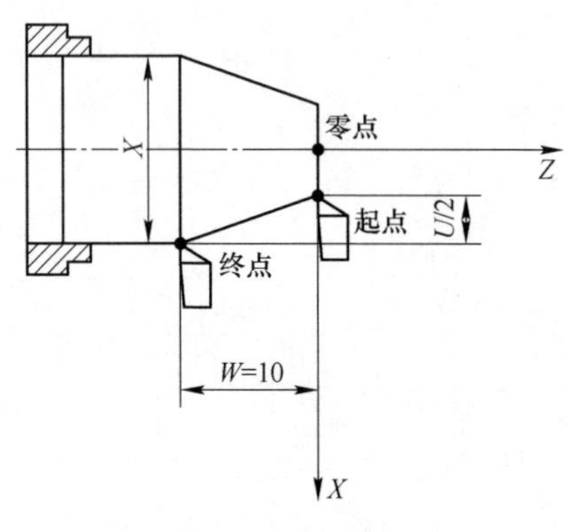

图 7-4　G01 轨迹

7.3.3.3　圆弧插补 G02、G03 指令（见图 7-5）

其格式为：G02　X(U) Z(W)　R(I K)　F;G03　X(U) Z(W)　R(I K) F。

其功能为 G02 代码运动轨迹为从起点到终点的顺时针（后置刀座坐标系）/逆时针（前置刀座坐标系）圆弧，轨迹如图 7-5 所示。

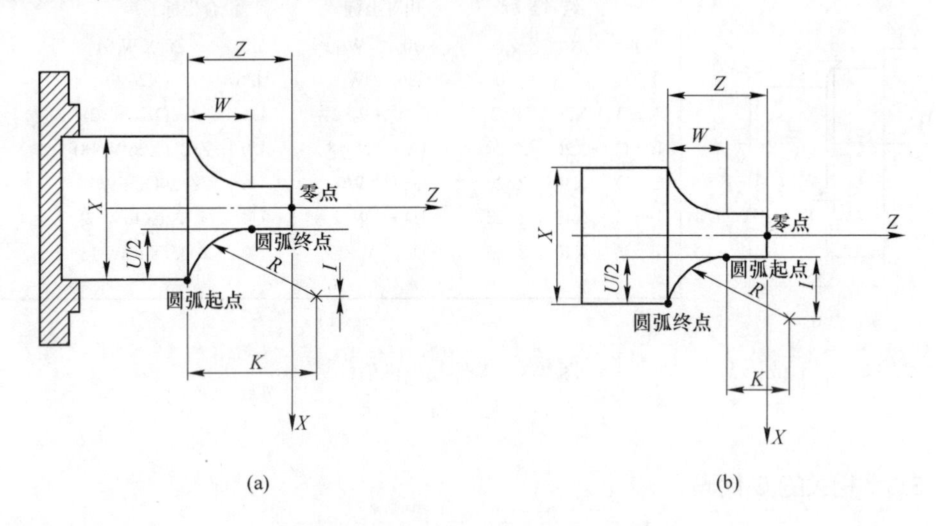

图 7-5　圆弧插补 G02、G03 指令轨迹图
（a）G03 轨迹图；（b）G02 轨迹图

其中，G02、G03 为模态 G 代码；*R* 为圆弧半径；*I* 为圆心与圆弧起点在 *X* 方向的差值，用半径表示；*K* 为圆心与圆弧起点在 *Z* 方向的差值。

圆弧中心用地址 *I*、*K* 指定时，其分别对应于 *X* 轴和 Z 轴。***I***、***K*** 表示从圆弧起点到圆心的向量分量，是增量值，如图 7-6 所示。

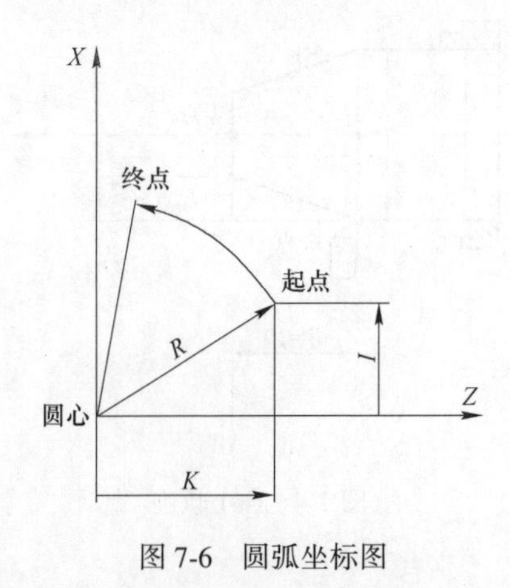

图 7-6　圆弧坐标图

其计算公式为：

$$I=\text{圆心坐标 }X-\text{圆弧起始点的 }X\text{ 坐标} \tag{7-1}$$

$$K=\text{圆心坐标 }Z-\text{圆弧起始点的 }Z\text{ 坐标} \tag{7-2}$$

I、K 根据方向带有符号。当 I、K 方向与 X 轴、Z 轴方向相同时，则取正值，反之取负值。

G02/G03 圆弧的方向，在前刀座坐标系和后刀座坐标系是相反的，如图 7-7 所示。

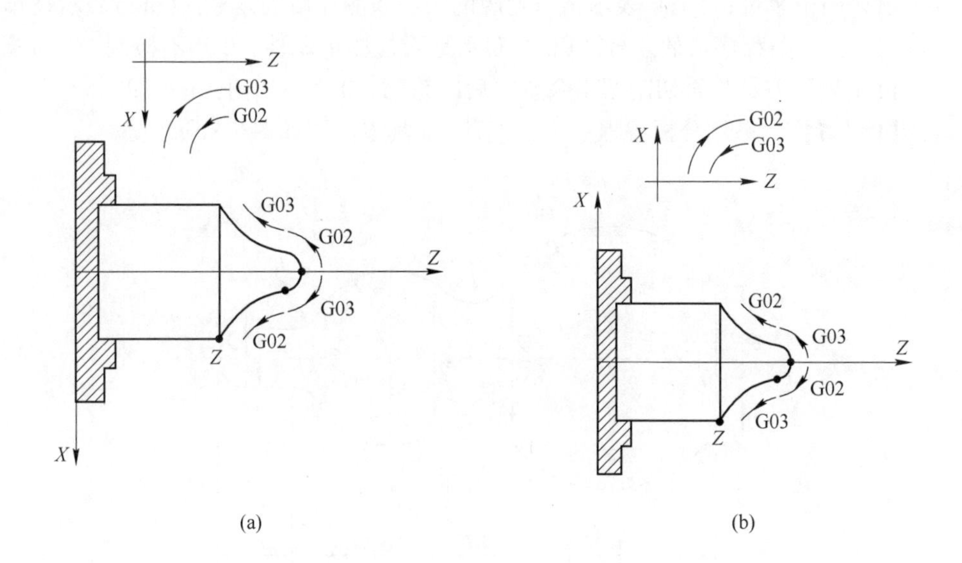

图 7-7 前刀座坐标系（a）和后刀座坐标系（b）

7.3.3.4 轴向粗车循环 G71 指令

G71 有 2 种粗车加工循环，分别为：

（1）类型 I 代码格式。

G71 U ____①____ R ____②____ F ____③____

G71 P(ns) Q(nf) U ____④____ W ____⑤____ K0/1 J0/1

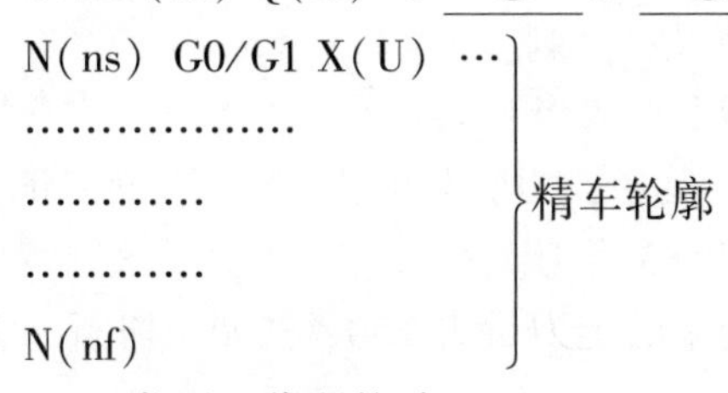

（2）类型Ⅱ代码格式。

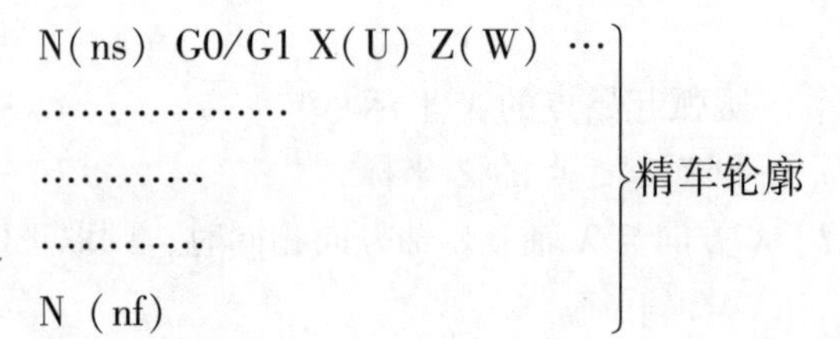

N(ns) G0/G1 X(U) Z(W) …
………………
…………　　精车轮廓
…………
N (nf)

其中，各代码的意义为：①表示 X 向每一次的进刀量（单边量）；②表示 X 向每一次的退刀量（直径量）；③表示进给量；④表示 X 向留余量（直径量）；⑤表示 Z 向留余量；(ns) 表示精车轮廓的第一条程序段的段号；(nf) 表示精车轮廓的最后一条程序段的段号。K0/1 表示是否检测单调性，0 为不检测，1 为检测；J0/1 表示刀具是否切割留出余量之后的轮廓，0 为不切割，1 为切割。

【例 7-1】　举例分析编程（吉祥葫芦），其零件图如图 7-8 所示。

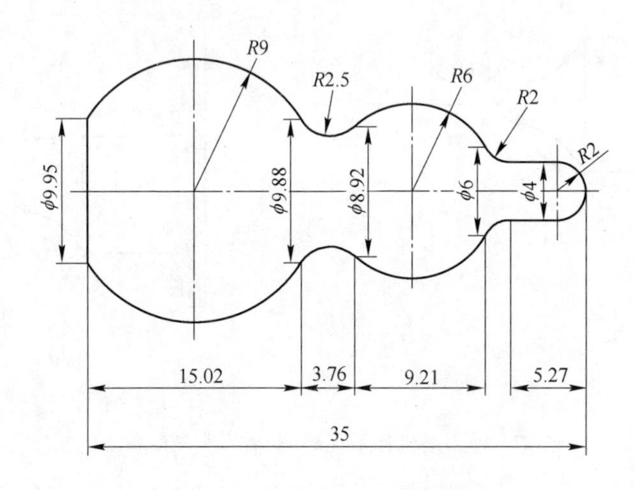

图 7-8　吉祥葫芦零件图

工艺路线包括：

(1) 计算出图中各节点的坐标值；

(2) 毛坯为 ϕ25 的铝棒，用 G71 指令粗加工整个葫芦的外轮廓；

(3) 再用 G70 指令精加工葫芦；

(4) 最后用切断刀把葫芦切断，检测及去毛刺。

确定的所用刀具、切削用量和加工指令（参考）为：

(1) 分析图形用到的刀具有尖型刀。其中，刀尖角度为 30°，尖型刀记为 1 号刀。然后用切断刀切断葫芦，切断刀记为 3 号刀。

(2) 粗车的走刀量为 F70、S300；精车的走刀量为 F50、S800；切断的走刀量为 F15 S300。

(3) 加工指令。用 G71 粗车外轮廓，G70 精车外轮廓，用 G01 切断。

编制加工程序（GSK980TD$_C$系统参考）为：

01000 T0101 M3 S300； G0 X100 Z80 M8； G0 X27 Z2； G71 U1 W0 R0.5 F70； G71P1Q2 U0.6 W0K0J1； N1 G0 X0 W0； G1 Z0 F50； G3 X4 Z-2 R2； G1 Z-5.27； G2 X6 W-1.74 R2； G3 X8.92 W-9.21 R6； G2 X9.88 W-3.76 R2.5； G3 X9.95 Z-35 R9； G1 Z-40； N2 G1 X27	G0 X27 Z2； M3 S800； G70 P1 Q2； G0 X27 Z2； G0 X100 Z50； T0303 M3 S300； G0 X27 Z-（35+刀头宽） G0 X12； G1 X0 F15； G0 X27； G0 X100 Z80M9； M5； M30	相关代码指令的释义 T0101 T 表示刀具； 前两位数 01 表示刀号； 后两位数 01 表示刀补号； M3 表示主轴正转，S 表示每分钟转速； M4 表示主轴反转，F 表示进给速度； M5 表示主轴停转； M8 表示冷却液开； M9 表示冷却液关； M30 表示程序结束； G0 表示快速移动； G1 表示直线插补； G2 表示顺时针方向圆弧插补； G3 表示逆时针方向圆弧插补； G71 表示内外轮廓粗车复合循环； G70 表示精车调用

7.4 数控车床 GSK980TD$_C$系统面板及介绍

GSK980TD$_C$的 LCD/MDI 面板如图 7-9 所示。

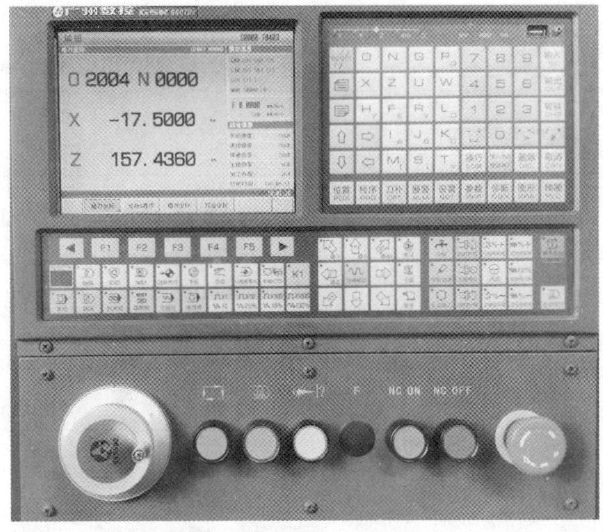

图 7-9 LCD/MDI 面板

面板功能划分说明如图 7-10 所示。

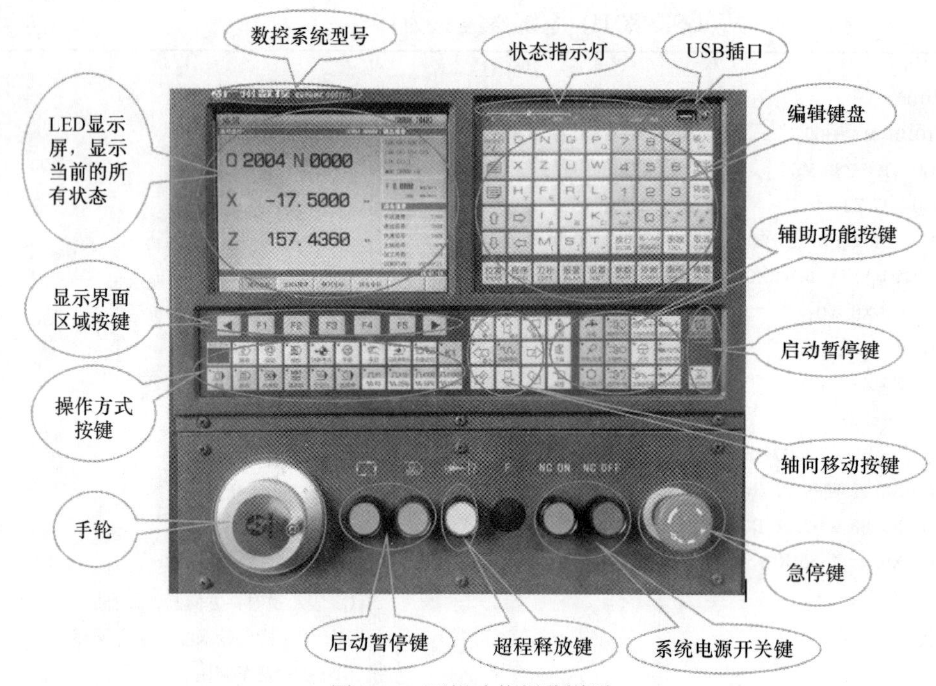

图 7-10　面板功能划分说明

部分按键的解释见表 7-1。

表 7-1　按键的解释

按键	释　义	按键	释　义
RESET	复位键	MDI	进入录入方式操作，用于手工输入指令，单行运行
报警 ALM	显示报警信息画面	输入 IN	参数、补偿等数据输入的确定
	程序上翻页键	回参考点	进入机械回零点操作
编辑	进入编辑方式，用于创建程序各编辑程序	输出 OUT	用于启动通信输出
	程序下翻页键	手脉	进入手轮方式，用于手轮左旋向负右旋正向的刀架移动
自动	进入自动加工方式，用于自动运行程序	换行 EOB	确定键或换行键
	用于光标的上、下、左、右的移动	X1 F0　X10 25%　X100 50%　X1000 100%	可以作为快速移动倍率挡位，也可在手轮方式下作为步距挡位

续表 7-1

按键	释　义	按键	释　义
插入INS 修改ALT	用于程序的插入或者修改操作	位置 POS	显示位置画面，重复按为位置画面切换
手动	进入手动方式，用于手动移动刀架或手动更换刀具，以及主轴正转、反转和停转	手动换刀	手动方式或手轮方式下按此键，刀架旋转 90° 换下一把刀
删除 DEL	用于程序的删除的编辑操作	程序 PRG	显示程序画面，按一次此键，切换程序画面一次
单段	自动方式下按下此键，则在运行程序时，按一次启动键，运行一段程序	循环起动	启动运行程序
取消 CAN	用于程序编辑方式下键入指令后取消键入，或作为退格键	刀补 OFT	显示刀补画面，重复按时，显示刀补画面切换
	选择移动坐标轴，按正或负方向键，刀架向相应方向移动。刀具距离工件或尾座较远时可按快速进给按钮 快速移动	进给保持	程序的暂停，再按启动键，程序接着运行

程序的编辑操作步骤为：

（1）程序的创建。包括：编辑方式→程序→（显示程序内容的界面）→ O_{XXXX}（字母 O 加任意四位数）→换行（EOB）。

（2）程序的插入、修改和删除。选择编辑操作方式，通过 插入INS 修改ALT，删除 DEL 对程序进行字符的插入、修改和删除。

（3）程序的删除。单个程序的删除包括：编辑方式→程序→ O_{XXXX}（需要删除的程序号）→删除；全部程序的删除包括：编辑方式→程序→ O_{-999} →删除。

（4）程序的选择。包括：编辑方式→程序→（显示程序内容的界面）→ O_{XXXX}（需要选择的程序号）→ ⇩（往下检索）或按换行（EOB）。

给定主轴转速（用于刚刚开机时变频器默认主轴转速为 0 转）包括：

MDI 方式→程序（程序录入或程序状态的界面）→M03→输入→循环启动。

7.5　数控车床的安全操作规程

在操作数控车床过程中，应做到：

（1）操作前需要做到：

1）要听从老师的指导和安排，遵循“安全第一，教学为主”的总原则。

2）对设备进行操作时请穿好工作服，女生扎好辫子戴好工作帽，不允许戴手套操作。

3）不允许用压缩空气清洗机床、电气柜和 NC 单元。

4）多人操作练习时要注意相互间的协调和配合。

5）注意不要移动、损坏安装在机床上的警告标牌，不要在机床周围放置障碍物，工作空间应足够大。

（2）操作中需要做到：

1）机床开机后要预热，若长时间未使用，应使用手动方式运转机床。

2）车床运转中，操作者不得离开岗位，发现异常现象应立即停止，并报告指导老师。

3）加工过程中，不允许接触机床各部分或打开防护门，要远离机床。

4）禁止用手或身体接触旋转的主轴、工件或其他运动部分，不允许在主轴旋转时进行刀具的安装、拆卸、装夹工件和清除切屑等操作。

5）禁止用手或身体接触刀尖和铁屑，必须用铁钩或毛刷清理铁屑。

6）使用变速手柄变速时，主轴必须停止。

（3）操作后需要做到：

1）清除切屑，擦拭机床，打扫车间卫生。

2）认真检查当日实习班级设备出现的问题，填到交接班记录本上，做好交班工作。

3）检查主轴箱和润滑油箱的油位线，及时添加或更换。

4）依次关掉机床的电源和总电源开关。

7.6　数控车床 GSK980TD$_{C}$系统操作流程

7.6.1　开机

开机过程的操作流程为：

（1）在床头左侧位置旋转打开机床电源开关，同时在系统面板上打开系统电源开关。当右旋急停开关弹起时，点击复位键“//”。

（2）x 轴、z 轴向负向移动一段距离，使得 X、Z 机床坐标值显示在－50.00 以上。按键，然后先按键，再按键。

7.6.2 回零

回零过程的操作流程为：

（1）按位置POS键，显示坐标，然后重复按，依次显示相对坐标 U、W，绝对坐标 X、Z，以及综合坐标（相对、绝对、机床、余移坐标）。

（2）按回参考点键，选择移动轴，先按一次⇩键，再按一次⇨键，X(U)、Z(W) 坐标值显示 0.000，相应地址 X(U)、Z(W) 闪烁。

注意：移动坐标轴时，一定要边按边看，看刀具与卡盘上工件或尾座的距离，谨防相撞。

7.6.3 安装刀具

外圆车刀安装在 1 号工位，切断车刀安装在 3 号工位。其中，安装刀具过程的操作流程为：

（1）安装时刀具应装在刀架上，选择一个空的刀位，转至当前位置，松开螺钉。

（2）刀具刀尖向外，刀尖与刀架距离为 30~40mm。刀具装正，刀具垂直于刀架，其左侧面与刀架左侧面对齐、平行。

（3）对刀具中心高进行调整，通过垫薄的金属片使刀具刀尖对准工件回转中心。

（4）摆好刀具的角度，主偏角在 90°~95°之间。

7.6.4 安装工件

为了防止工件震动影响加工精度，安装工件时尽可能地缩短。比如，实际加工的零件长度为 40mm，考虑槽刀在定位切断时避开刀架与卡盘发生碰撞，工件在安装时伸出的长度在 40mm 的基础上再加 20~30mm，也就是工件伸出 60~70mm。如果是安装机夹式切刀，在工件安装时，伸出的长度在 40mm 的基础上加 10~15mm 即可。

7.6.5 试切法对刀设置刀偏

对刀的目的是为了建立刀具工件的坐标系，是数控加工中较为复杂的工艺设备之一。对刀的效果直接影响到加工零件的尺寸精度。在执行加工程序前，调整每把车刀的刀位点，使其尽量重合于某一理想基准点，这一过程称为对刀。理想基准点可以设定在基准刀的刀尖上，也可以设定在对刀仪的定位中心（如光学对刀镜的十字刻线交点）上。刀位点是指在加工程序编制中，用以表示刀具特征的点，也是对刀和加工的基准点。车刀刀位点如图 7-11 所示。

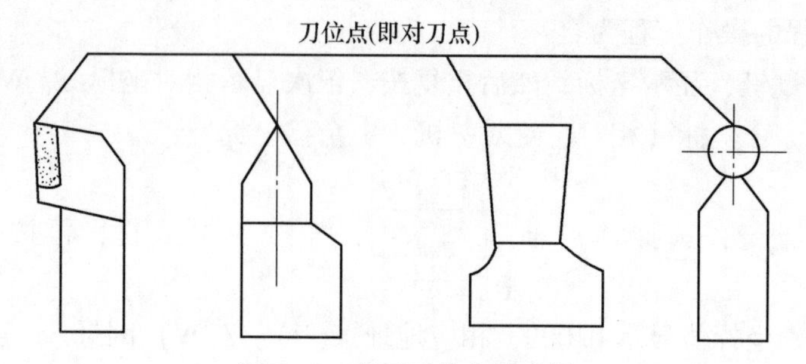

图 7-11　车刀刀位点示意图

刀具类型包括（见图 7-12）：

（1）外圆车刀。俗称偏刀，用于车削外轮廓、端面和倒角。

（2）螺纹车刀。分为内螺纹车刀和外螺纹车刀，用于车削内外螺纹。

（3）切断车刀。俗称切刀，用于切断、切槽和倒角。

（4）内孔车刀。用于车削内轮廓。

（5）直柄（或锥柄麻花钻头）。用于钻孔。

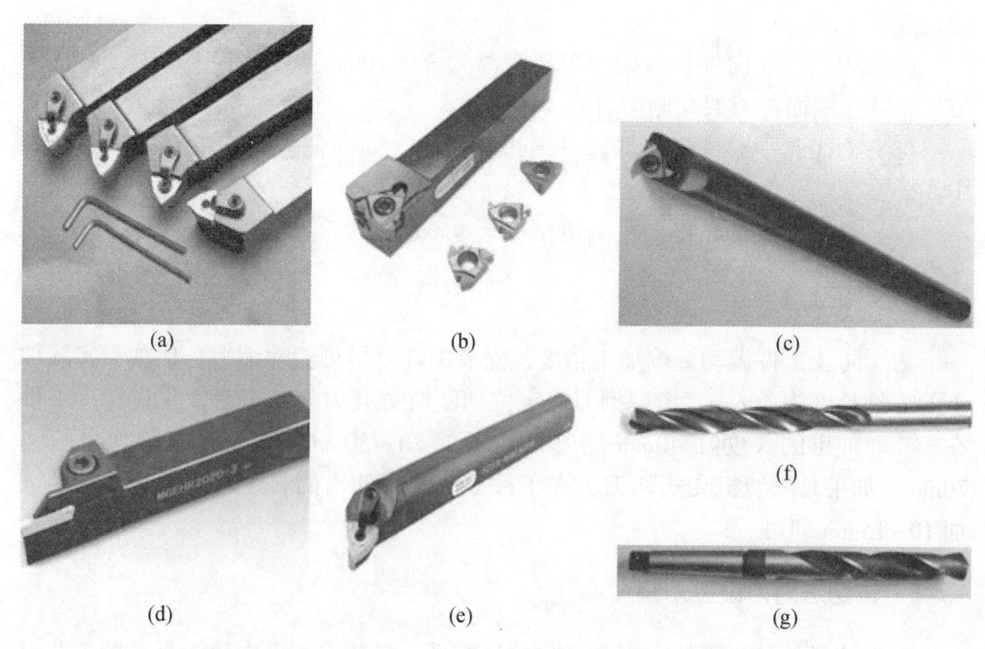

图 7-12　刀具类型

（a）机夹式外圆车刀；（b）机夹式外螺纹车刀；（c）机夹式内螺纹车刀；
（d）机夹式外切断刀；（e）机夹式内孔车刀；（f）直柄麻花钻头；（g）锥柄麻花钻头

试切法设置刀偏操作步骤为：

（1）首先进行机械回零（回参考点），先点 x 轴正向，再点 z 轴正向，直到机械坐标显示为 X0，Z0。手动方式，刀架处在安全位置，点换刀键换上 1 号尖形刀（1 号为尖形刀，3 号为切断刀）。

（2）点手轮方式，点主轴正转，点 0.01 档，点 Z 向负向键（选择方向），手轮左旋（左旋负向，右旋正向）移动车刀车削工件外圆一刀，手轮右旋把车刀 Z 向反向退出车刀到工件端面外。

（3）主轴停转，测量已经车过的工件外圆直径，比如测量得 ϕ24.78。点刀补，光标调到 001，点 X24.78，点输入（自动计算好机械零点到工件中心当前刀具 X 向的偏置量）。

（4）点手轮方式，点主轴正转，点 0.01 档，点 X 向负向键（选择方向），手轮左旋（左旋负向，右旋正向）移动车刀车削工件端面逐渐车平，X 向正向退出，点刀补，光标在 001，点 Z0，点输入（自动计算好机械零点到工件中心当前刀具 Z 向的偏置量）。

（5）点手动方式，点轴向移动键往正向退出车刀到安全位置，点换刀键，换到 3 号切断刀。

（6）点手轮方式，点主轴正转，点 0.01 档，点 Z 向负向键（选择方向），手轮左旋（左旋负向，右旋正向）移动车刀轻碰工件已经车平的端面，刀补，光标调到 003，点 Z0，输入（自动计算好 3 号切断刀机械零点到工件中心 Z 向的偏置量）。

（7）点手轮方式，点主轴正转，点 0.01 档，点 X 向负向键（选择方向），手轮右旋（左旋负向，右旋正向）移出车刀，点 Z 向负向键（选择方向），手轮左旋（左旋负向，右旋正向）移入车刀，点 X 向负向键（选择方向），手轮左旋（左旋负向，右旋正向）移动车刀轻碰工件 ϕ24.78 的外圆，刀补，光标调到 003，X24.78，点输入（自动计算好机械零点到工件中心 3 号刀 X 向的偏置量）。

（8）手动，退出车刀到安全位置，完成对刀。

7.6.6 自动加工

自动加工过程的操作流程为：

（1）首先把所要加工的程序调出到当前画面，并检查程序正确。

（2）点编辑方式按键，点程序按键直到显示当前画面是程序内容的界面，点复位键。把光标放置在程序的第一行，从第一行开始。

（3）自动方式，快速倍率降至 F_0。

（4）循环启动，把手放置在暂停键处，有异常按暂停，紧急情况按急停键。

7.6.7　关机

关机过程的操作流程为：

（1）机床回零，按前面“回零”的操作步骤进行。

（2）按下急停按键，关闭系统电源，关闭机床总电源。

7.6.8　注意事项

在数控车床的操作过程中，需要注意以下几点：

（1）参加实习的学生必须学会单独操作数控车床加工零件。

（2）要严格按照操作规程和操作流程进行操作，不允许违章操作。出现问题要及时叫现场指导老师。

（3）报警解除。一般的报警，直接按复位键即可解除。如果是坐标轴超程报警，显示“X+”或“X–”，“Z+”或“Z–”超程，则为左手按住超程释放键不放，右手先点复位键，然后点手动，点超程方向的反方向轴向移动出来即可解除。

【例 7-2】　对实习练习图进行车床操作。

编程操作图如图 7-13~图 7-17 所示。其中，可选择或自行设计进行编程操作加工。

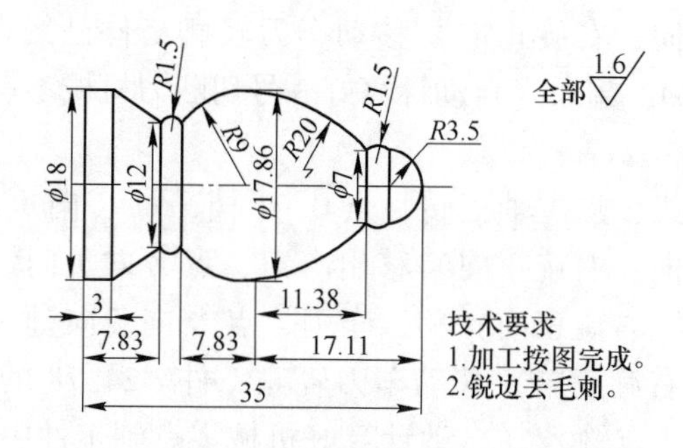

图 7-13　国际象棋的象

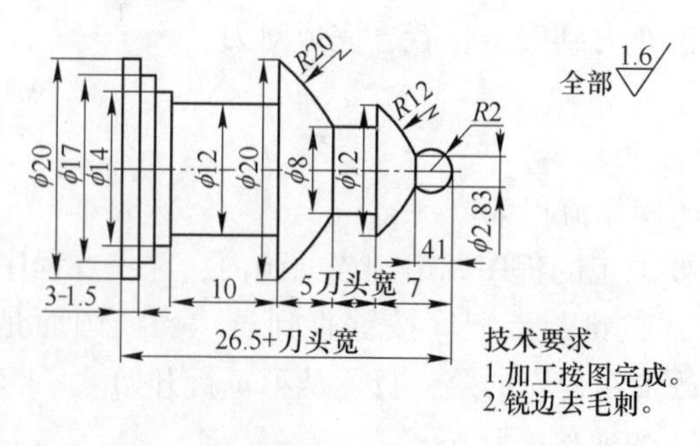

图 7-14　天坛

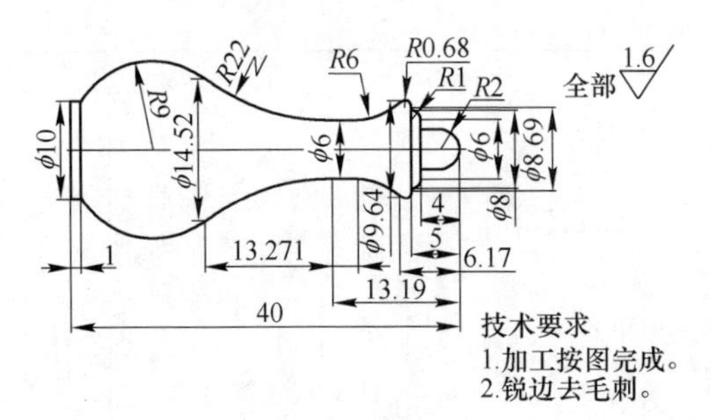

图 7-15　花瓶

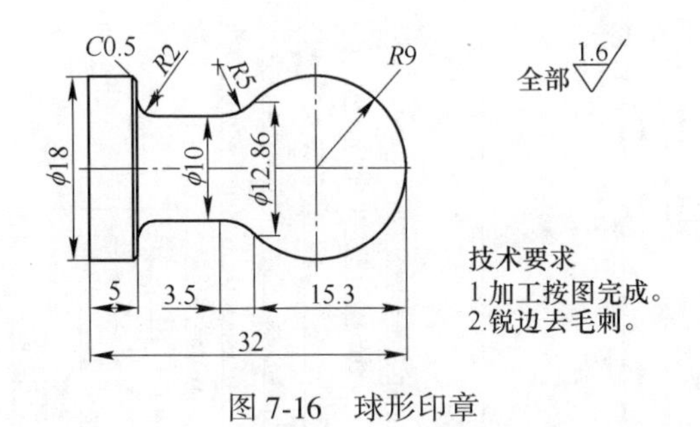

图 7-16　球形印章

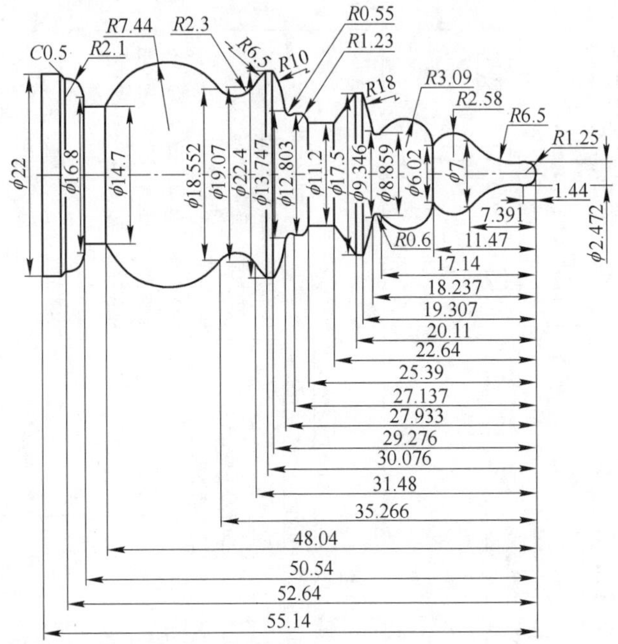

图 7-17　湘潭印月

相关实习图的工艺及编程如下所示：

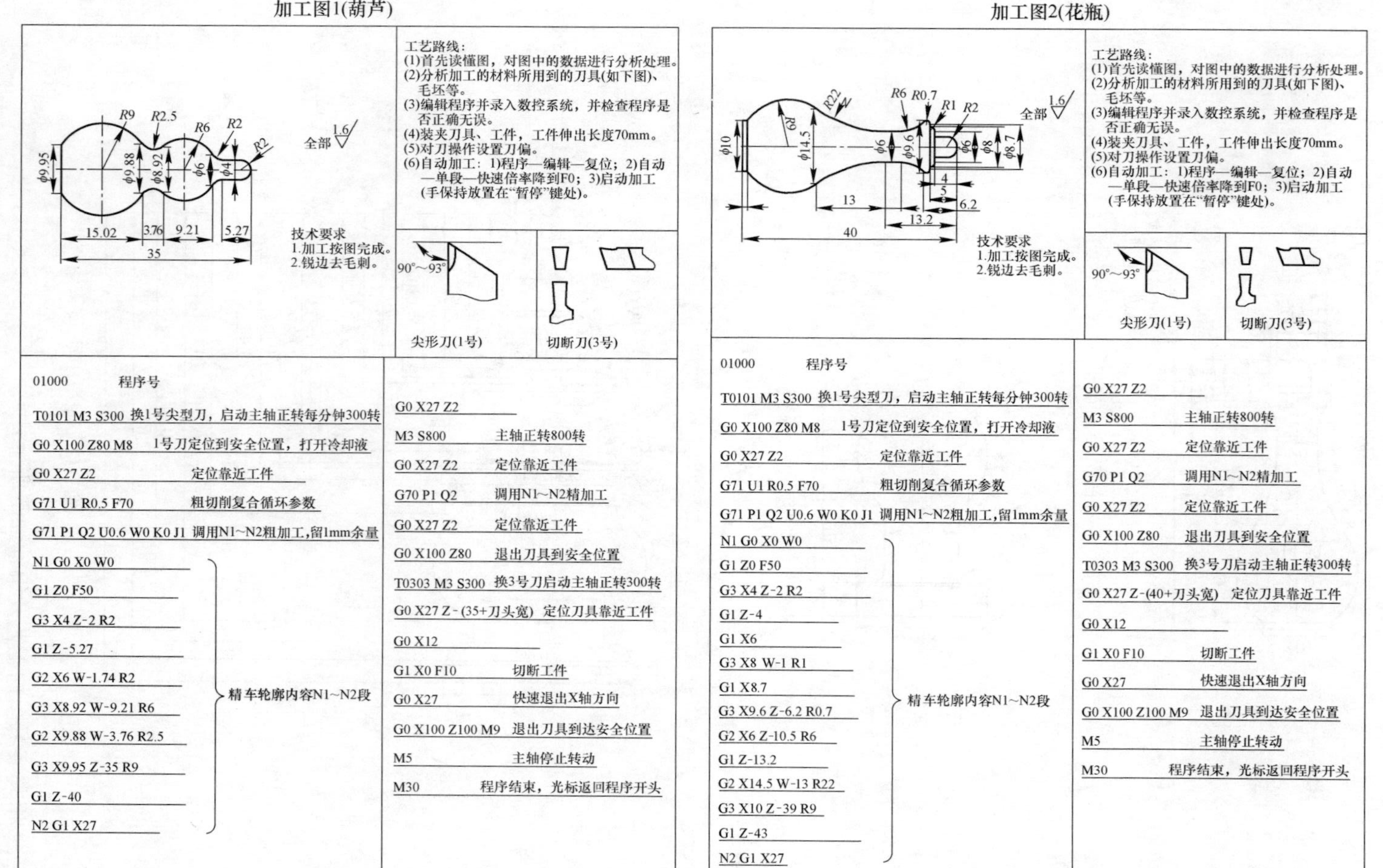

加工图1(葫芦)

技术要求
1.加工按图完成。
2.锐边去毛刺。

工艺路线：
(1)首先读懂图，对图中的数据进行分析处理。
(2)分析加工的材料所用到的刀具(如下图)、毛坯等。
(3)编辑程序并录入数控系统，并检查程序是否正确无误。
(4)装夹刀具、工件，工件伸出长度70mm。
(5)对刀操作设置刀偏。
(6)自动加工：1)程序—编辑—复位；2)自动—单段—快速倍率降到F0；3)启动加工(手保持放置在“暂停”键处)。

程序	说明
01000	程序号
T0101 M3 S300	换1号尖型刀，启动主轴正转每分钟300转
G0 X100 Z80 M8	1号刀定位到安全位置，打开冷却液
G0 X27 Z2	定位靠近工件
G71 U1 R0.5 F70	粗切削复合循环参数
G71 P1 Q2 U0.6 W0 K0 J1	调用N1~N2粗加工，留1mm余量
N1 G0 X0 W0	精车轮廓内容N1~N2段
G1 Z0 F50	
G3 X4 Z-2 R2	
G1 Z-5.27	
G2 X6 W-1.74 R2	
G3 X8.92 W-9.21 R6	
G2 X9.88 W-3.76 R2.5	
G3 X9.95 Z-35 R9	
G1 Z-40	
N2 G1 X27	
G0 X27 Z2	
M3 S800	主轴正转800转
G0 X27 Z2	定位靠近工件
G70 P1 Q2	调用N1~N2精加工
G0 X27 Z2	定位靠近工件
G0 X100 Z80	退出刀具到安全位置
T0303 M3 S300	换3号刀启动主轴正转300转
G0 X27 Z-(35+刀头宽)	定位刀具靠近工件
G0 X12	
G1 X0 F10	切断工件
G0 X27	快速退出X轴方向
G0 X100 Z100 M9	退出刀具到达安全位置
M5	主轴停止转动
M30	程序结束，光标返回程序开头

加工图2(花瓶)

技术要求
1.加工按图完成。
2.锐边去毛刺。

工艺路线：
(1)首先读懂图，对图中的数据进行分析处理。
(2)分析加工的材料所用到的刀具(如下图)、毛坯等。
(3)编辑程序并录入数控系统，并检查程序是否正确无误。
(4)装夹刀具、工件，工件伸出长度70mm。
(5)对刀操作设置刀偏。
(6)自动加工：1)程序—编辑—复位；2)自动—单段—快速倍率降到F0；3)启动加工(手保持放置在“暂停”键处)。

程序	说明
01000	程序号
T0101 M3 S300	换1号尖型刀，启动主轴正转每分钟300转
G0 X100 Z80 M8	1号刀定位到安全位置，打开冷却液
G0 X27 Z2	定位靠近工件
G71 U1 R0.5 F70	粗切削复合循环参数
G71 P1 Q2 U0.6 W0 K0 J1	调用N1~N2粗加工，留1mm余量
N1 G0 X0 W0	精车轮廓内容N1~N2段
G1 Z0 F50	
G3 X4 Z-2 R2	
G1 Z-4	
G1 X6	
G3 X8 W-1 R1	
G1 X8.7	
G3 X9.6 Z-6.2 R0.7	
G2 X6 Z-10.5 R6	
G1 Z-13.2	
G2 X14.5 W-13 R22	
G3 X10 Z-39 R9	
G1 Z-43	
N2 G1 X27	
G0 X27 Z2	
M3 S800	主轴正转800转
G0 X27 Z2	定位靠近工件
G70 P1 Q2	调用N1~N2精加工
G0 X27 Z2	定位靠近工件
G0 X100 Z80	退出刀具到安全位置
T0303 M3 S300	换3号刀启动主轴正转300转
G0 X27 Z-(40+刀头宽)	定位刀具靠近工件
G0 X12	
G1 X0 F10	切断工件
G0 X27	快速退出X轴方向
G0 X100 Z100 M9	退出刀具到达安全位置
M5	主轴停止转动
M30	程序结束，光标返回程序开头

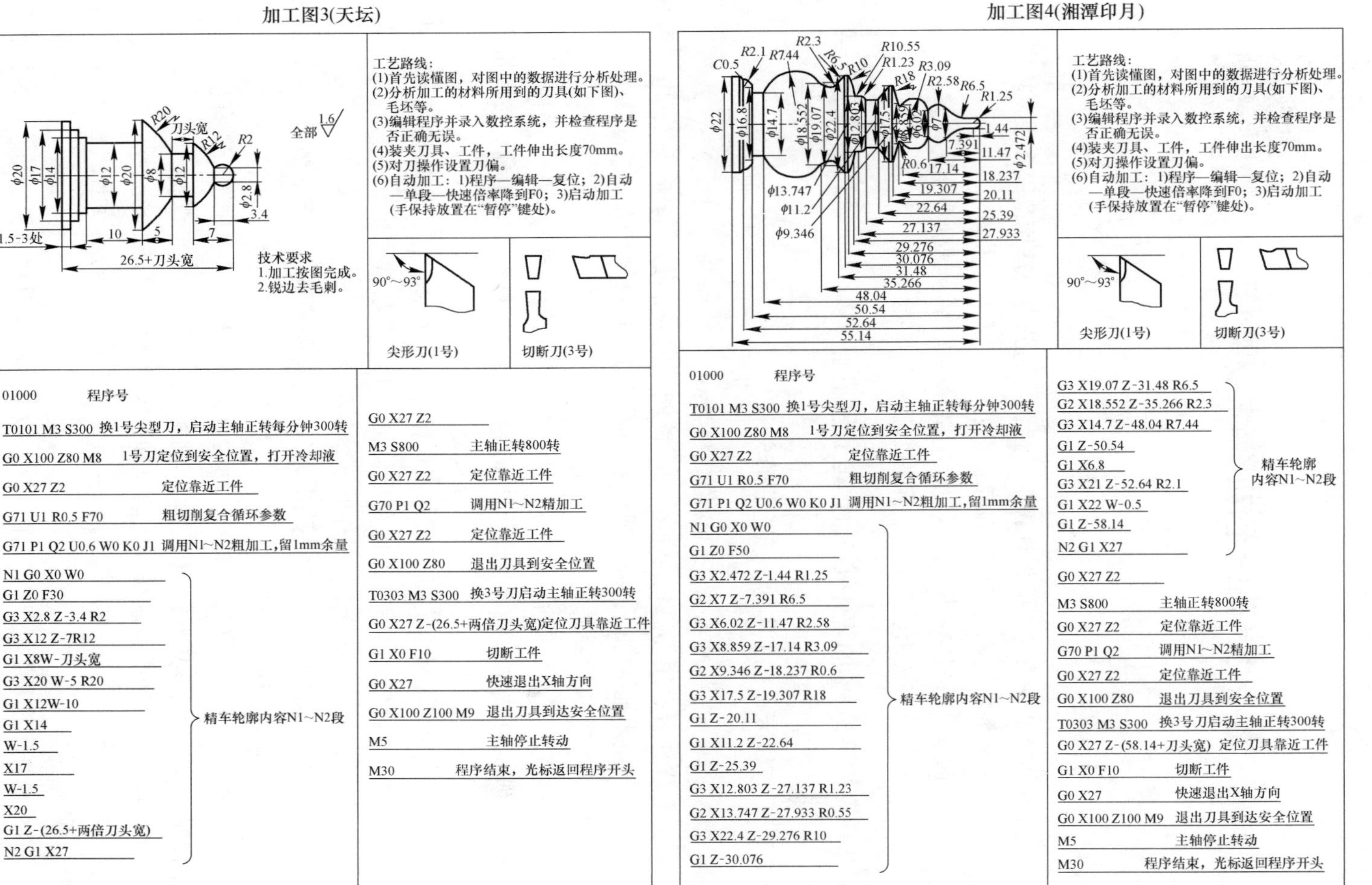

加工图3(天坛)

技术要求
1.加工按图完成。
2.锐边去毛刺。

工艺路线：
(1)首先读懂图，对图中的数据进行分析处理。
(2)分析加工的材料所用到的刀具(如下图)、毛坯等。
(3)编辑程序并录入数控系统，并检查程序是否正确无误。
(4)装夹刀具、工件，工件伸出长度70mm。
(5)对刀操作设置刀偏。
(6)自动加工：1)程序—编辑—复位；2)自动—单段—快速倍率降到F0；3)启动加工(手保持放置在“暂停”键处)。

尖形刀(1号)　切断刀(3号)

```
01000                      程序号
T0101 M3 S300              换1号尖型刀，启动主轴正转每分钟300转
G0 X100 Z80 M8             1号刀定位到安全位置，打开冷却液
G0 X27 Z2                  定位靠近工件
G71 U1 R0.5 F70            粗切削复合循环参数
G71 P1 Q2 U0.6 W0 K0 J1    调用N1~N2粗加工，留1mm余量
N1 G0 X0 W0
G1 Z0 F30
G3 X2.8 Z-3.4 R2
G3 X12 Z-7R12
G1 X8W-刀头宽
G3 X20 W-5 R20
G1 X12W-10                 精车轮廓内容N1~N2段
G1 X14
W-1.5
X17
W-1.5
X20
G1 Z-(26.5+两倍刀头宽)
N2 G1 X27
G0 X27 Z2
M3 S800                    主轴正转800转
G0 X27 Z2                  定位靠近工件
G70 P1 Q2                  调用N1~N2精加工
G0 X27 Z2                  定位靠近工件
G0 X100 Z80                退出刀具到安全位置
T0303 M3 S300              换3号刀启动主轴正转300转
G0 X27 Z-(26.5+两倍刀头宽)定位刀具靠近工件
G1 X0 F10                  切断工件
G0 X27                     快速退出X轴方向
G0 X100 Z100 M9            退出刀具到达安全位置
M5                         主轴停止转动
M30                        程序结束，光标返回程序开头
```

加工图4(湘潭印月)

工艺路线：
(1)首先读懂图，对图中的数据进行分析处理。
(2)分析加工的材料所用到的刀具(如下图)、毛坯等。
(3)编辑程序并录入数控系统，并检查程序是否正确无误。
(4)装夹刀具、工件，工件伸出长度70mm。
(5)对刀操作设置刀偏。
(6)自动加工：1)程序—编辑—复位；2)自动—单段—快速倍率降到F0；3)启动加工(手保持放置在“暂停”键处)。

尖形刀(1号)　切断刀(3号)

```
01000                      程序号
T0101 M3 S300              换1号尖型刀，启动主轴正转每分钟300转
G0 X100 Z80 M8             1号刀定位到安全位置，打开冷却液
G0 X27 Z2                  定位靠近工件
G71 U1 R0.5 F70            粗切削复合循环参数
G71 P1 Q2 U0.6 W0 K0 J1    调用N1~N2粗加工，留1mm余量
N1 G0 X0 W0
G1 Z0 F50
G3 X2.472 Z-1.44 R1.25
G2 X7 Z-7.391 R6.5
G3 X6.02 Z-11.47 R2.58
G3 X8.859 Z-17.14 R3.09
G2 X9.346 Z-18.237 R0.6
G3 X17.5 Z-19.307 R18      精车轮廓内容N1~N2段
G1 Z-20.11
G1 X11.2 Z-22.64
G1 Z-25.39
G3 X12.803 Z-27.137 R1.23
G2 X13.747 Z-27.933 R0.55
G3 X22.4 Z-29.276 R10
G1 Z-30.076
G3 X19.07 Z-31.48 R6.5
G2 X18.552 Z-35.266 R2.3
G3 X14.7 Z-48.04 R7.44
G1 Z-50.54
G1 X6.8                    精车轮廓内容N1~N2段
G3 X21 Z-52.64 R2.1
G1 X22 W-0.5
G1 Z-58.14
N2 G1 X27
G0 X27 Z2
M3 S800                    主轴正转800转
G0 X27 Z2                  定位靠近工件
G70 P1 Q2                  调用N1~N2精加工
G0 X27 Z2                  定位靠近工件
G0 X100 Z80                退出刀具到安全位置
T0303 M3 S300              换3号刀启动主轴正转300转
G0 X27 Z-(58.14+刀头宽)    定位刀具靠近工件
G1 X0 F10                  切断工件
G0 X27                     快速退出X轴方向
G0 X100 Z100 M9            退出刀具到达安全位置
M5                         主轴停止转动
M30                        程序结束，光标返回程序开头
```

8　数控铣削编程操作

扫一扫免费观看视频讲解

8.1　实习目的

（1）熟悉设备的安全操作规程，了解机床的分类、适用范围和主要功能；

（2）了解数控铣床的特点和加工工艺；

（3）熟悉程序结构和格式，掌握常用准备功能字和辅助功能字含义；

（4）了解数控铣床加工流程，掌握数控铣床的基本操作。

8.2　数控铣床（加工中心）及其工艺基础

8.2.1　数控铣床（加工中心）安全操作规程

数控铣床（加工中心）安全操作规程为：

（1）操作者必须熟悉机床的结构、性能和传动系统，润滑部位，电气等基本知识以及使用维护方法，同时操作者必须经过考核合格后方可进行操作。

（2）工作前应做到：

1）检查润滑系统储油部位的油量是否符合规定，封闭良好。油标、油窗、油杯、油嘴、油线、油毡、油管和分油器等应齐全完好，安装正确。按润滑指示图表规定做人工加油，查看油窗是否来油。

2）必须束紧服装和套袖，戴好工作帽和防护眼镜，工作时应检查各手柄位置的正确性，应使变换手柄保持在定位位置上。严禁戴围巾和手套，严禁穿裙子、凉鞋和高跟鞋上岗操作。工作时严禁戴手套。

3）检查机床、导轨和各主要滑动面，若有障碍物、工具、铁屑、杂质等，必须清理，擦拭干净，上油。

4）检查工作台、导轨和主要滑动面有无新的拉、研、碰伤，若有应通知指导教师一起查看，并做好记录。

5）检查安全防护、制动（止动）和换向等装置是否齐全完好。

6）检查操作手柄、阀门、开关等是否处于非工作的位置上，是否灵活、准确、可靠。

7）检查刀具是否处于非工作位置，检查刀具和刀片是否松动、检查操作面板是否异常。

8）检查电器配电箱是否关闭牢靠，电气接地是否良好。

（3）工作中应认真做到：

1）坚守岗位，精心操作，不做与工作无关的事。若因事离开机床时要停车，关闭电源。

2）按工艺规定进行加工，不准任意加大进刀量和削速度，不准超规范、超负荷、超重使用机床。

3）刀具和工件应装夹正确，紧固牢靠，装卸时不得碰伤机床。

4）不准在机床主轴锥孔安装与其锥度（或孔径）不符，表面有刻痕，以及不清洁的顶针和刀套等。

5）对加工的首件要进行动作检查和防止刀具干涉的检查，按机械锁→辅助锁→空运转→单程序段切削的顺序进行。

6）应保持刀具及时更换。

7）切削刀具未离开工件，不准停车。

8）不准擅自拆卸机床上的安全防护装置，缺少安全防护装置的机床不准工作。

9）开车时，工作台不得放置工具或其他无关物件，操作者应注意不要使刀具与工作台撞击。

10）经常清除机床上的铁屑和油污，保持导轨面、滑动面、转动面和定位基准面的清洁。

11）密切注意机床运转情况和润滑情况，若发现动作失灵、震动、发热、爬行、噪声、异味、碰伤等异常现象，应立即停车检查，排除故障后，方可继续工作。

12）机床发生事故时应立即按急停按钮，保持事故现场，报告有关部门分析处理。

13）工作中严禁用手清理铁屑，一定要用清理铁屑的专用工具，以免发生事故。

14）自动运行前，确认刀具补偿值和工件原点的设定，同时确认操作面板上进给轴的速度和倍率开关状态。

15）铣刀必须夹紧。

16）切削加工要在各轴与主轴的扭矩和功率范围内使用。

17）装卸和测量工件时，把刀具移到安全位置，主轴停转，同时要确认工件在卡紧状态下加工。

18）使用快速进给时，应注意工作台面情况，以免发生事故。

19）装卸大件、大平口钳和分度头等较重物件时，因需多人搬运，所以动作要协调，注意安全，以免发生事故。

20）每次开机后，必须首先进行回机床参考点的操作。

21）装卸工作、测量对刀、紧固心轴螺母和清扫机床时，必须停车进行。

22）工件必须夹紧，垫铁必须垫平，以免松动发生事故。

23）运行程序前要先对刀，确定工件坐标系原点。对刀后立即修改机床零点偏置参数，以防程序不正确运行。

24）不准使用钝的刀具、过大的吃刀深度和进刀速度进行加工。

25）开车时不得用手摸加工面和刀具，在清除铁屑时，应用刷子，不得用嘴吹或用棉纱擦。

26）操作者在工作中不许离开工作岗位，如需离开时，无论时间长短，都应停车，以免发生事故。

27）在手动方式下操作机床，要防止主轴和刀具与机床或夹具相撞。操作机床面板时，只允许单人操作，其他人不得触摸按键。

28）运行程序自动加工前，必须进行机床空运行。空运行时必须将 Z 向提高一个安全高度。

29）自动加工中出现紧急情况时，应立即按下复位或急停按钮。当显示屏出现报警号，要先查明报警原因，采取相应措施。取消报警后，再进行操作。

30）机床开动前必须关好机床防护门；机床开动时不得随意打开防护门。

（4）工作后应认真做到：

1）将机械操作手柄、阀门和开关等扳到非工作位置上。

2）停止机床运转，切断电源和气源。

3）清除铁屑，清扫工作现场，认真擦净机床。导轨面、转动面、滑动面、定位基准面和工作台面等处应加油保养。严禁使用带有铁屑的脏棉纱揩擦机床，以免拉伤机床导轨面。

4）认真将班中发现的机床问题，填到交接班记录本上，做好交班工作。

8.2.2　数控铣床概述

数控铣床是1类很重要的数控机床，在数控机床领域占有重要地位，在航空航天、汽车制造、一般机械加工和模具制造业中应用也非常广泛。普通数控铣床一般可以三坐标联动，功能更强的可以实现四到五轴联动，可用于各类复杂的平面、曲面和壳体零件的加工，如各种模具、样板、凸轮和连杆等。加工中心是在数控铣床的基础上多了自动换刀装置，通过在刀库上安装不同的刀具可在一次装夹中通过自动换刀装置改变主轴上的加工刀具，从而实现多种加工功能。

8.2.3　数控铣床的分类

数控铣床可分为以下几类：

（1）立式数控铣床（加工中心）。立式数控铣床的主轴轴线垂直于水平面，一般适宜盘、套、板类零件，可对下表面进行铣、钻、扩、镗、攻/铣螺纹等工序，以及侧面的轮廓加工。

（2）卧式数控铣床（加工中心）。卧式数控铣床的主轴轴线平行于水平面，主要用来加工零件侧面的轮廓。为了扩充其功能和扩大加工范围，通常采用增加数控转盘来实现4或5坐标加工。这样既可以加工工件侧面的连续回转轮廓，又可以实现在一次安装中通过转盘改变工位，进行4面加工。卧式数控铣床主要适用于箱体机械零件的加工。

（3）立卧两用数控铣床（加工中心）。立卧两用是指1台机床上有立式和卧式2个主轴，或者主轴可作90°旋转的数控铣床，具备立、卧式铣床的功能。立卧两用数控铣床主要用于箱体类零件和各类模具的加工。

（4）龙门式数控铣床（加工中心）。龙门式数控铣床主轴固定于两立柱的横梁上。主要用于大型机械零件及大型模具的各种平面、曲面和孔的加工。

8.2.4 数控铣床（加工中心）的工艺装备

数控铣床的工艺装备较多，这里主要分析夹具和刀具。

8.2.4.1 夹具

数控机床主要用于加工形状复杂的零件，但所使用夹具的结构往往并不复杂，数控铣床夹具的选用可首先根据生产零件的批量来确定。

8.2.4.2 刀具

数控铣床上所采用的刀具要根据被加工零件的材料、几何形状、表面质量要求、热处理状态、切削性能和加工余量等因素选择刚性好、耐用度高的刀具。常见数控铣削刀具如图8-1所示。

图8-1 数控铣削刀具

A 铣刀类型选择

被加工零件的几何形状是选择刀具类型的主要依据，其主要包括：

（1）加工曲面类零件时，为了保证刀具切削刃与加工轮廓在切削点相切，避免刀刃与工件轮廓发生干涉，一般选用球头刀。

（2）铣较大平面时，为了提高生产效率和加工表面粗糙度，一般选用刀片镶嵌式盘形铣刀。

（3）铣小平面或台阶面时一般选用通用铣刀。

（4）铣键槽时，为了保证槽的尺寸精度，一般选用两刃键槽铣刀。

（5）孔加工时，可选用钻头和镗刀等孔加工类刀具。

B　铣刀结构选择

铣刀一般由刀片、定位元件、夹紧元件和刀体组成。由于刀片在刀体上有多种定位和夹紧方式，刀片定位元件的结构又有不同类型，因此铣刀的结构形式有多种，分类方法也较多。选用时，主要根据刀片排列方式。刀片排列方式可分为平装结构和立装结构 2 大类。

C　铣刀角度的选择

铣刀的角度有前角、后角、主偏角、副偏角和刃倾角等。为满足不同的加工需要，有多种角度组合形式。各种角度中最主要的是主偏角和前角（制造厂的产品样本中对刀具的主偏角和前角一般都有明确说明）。

D　铣刀的齿数（齿距）选择

铣刀齿数多，可提高生产效率。但受容屑空间、刀齿强度、机床功率和刚性等的限制，不同直径的铣刀的齿数均有相应规定。为满足不同用户的需要，同一直径的铣刀一般有粗齿、中齿和密齿 3 种类型。

E　铣刀直径的选择

以下分别对 3 种铣刀直径选择进行介绍：

（1）平面铣刀。选择平面铣刀直径时主要考虑刀具所需功率应在机床功率范围之内，也可将机床主轴直径作为选取的依据。平面铣刀直径可按 $D=1.5d$（d 为主轴直径）选取。在批量生产时，也可按工件切削宽度的 1.6 倍选择刀具直径。

（2）立铣刀。立铣刀直径的选择主要考虑工件加工尺寸的要求，并保证刀具所需功率在机床额定功率范围以内。如对于系小直径立铣刀，则应主要考虑机床的最高转数能否达到刀具的最低切削速度（60m/min）。

（3）槽铣刀。槽铣刀的直径和宽度应根据加工工件尺寸选择，并保证其切削功率在机床允许的功率范围之内。

F　铣刀的最大切削深度

不同系列的可转位面铣刀有不同的最大切削深度。最大切削深度越大的刀具所用刀片的尺寸越大，价格也越高，因此应从节约费用和降低成本的角度考虑，选择刀具时一般按加工的最大余量和刀具的最大切削深度选择合适的规格。当然，还需考虑机床的额定功率和刚性是否满足刀具使用最大切削深度时的需要。

G 刀片牌号的选择

合理选择刀片硬质合金牌号的主要依据是被加工材料的性能和硬质合金的性能。一般选用铣刀时，可按刀具制造厂提供的加工材料和加工条件来配备相应牌号的硬质合金刀片。

8.2.5 数控铣削的工艺性分析

零件的加工路线是指刀具刀位点相对于工件运动的轨迹和方向。其主要确定原则如下：

(1) 加工方式和路线应保证被加工零件的精度和表面粗糙度。如铣削轮廓时，应尽量采用顺铣方式，可减少机床的“颤振”，提高加工质量。

(2) 尽量减少进、退刀时间和其他辅助时间，尽量使加工路线最短。

(3) 进、退刀位置应选在不大重要的位置，并且使刀具尽量沿切线方向进、退刀，避免采用法向进、退刀，避免进给中途停顿而产生刀痕。

8.3 数控铣床（加工中心）编程基础（以 FANUC 0i-M 系统讲解）

8.3.1 程序的组成与格式

8.3.1.1 字

在数控加工程序中，字是指一系列按规定排列的字符，作为一个信息单元存储、传递和操作。字是由 1 个英文字母与随后的若干位十进制数字组成，这个英文字母称为地址符。如“X2500”是 1 个字，X 为地址符，数字“2500”为地址中的内容。

8.3.1.2 字的功能

组成程序段的每 1 个字都有其特定的功能含义，以下以 FANUC 数控系统的规范为主进行介绍。实际工作中，请遵照机床数控系统说明书来使用各个功能字。

A 顺序号字 N

顺序号又称程序段号（或程序段序号）。顺序号位于程序段之首，由顺序号字 N 和后续数字组成。顺序号字 N 是地址符，后续数字一般为 1~4 位的正整数。数控加工中的顺序号实际上是程序段的名称，与程序执行的先后次序无关。数控系统不是按顺序号的次序来执行程序，而是按照程序段编写时的排列顺序逐段执行。

顺序号的作用包括：对程序的校对和检索修改；作为条件转向的目标，即作为转向目的程序段的名称。有顺序号的程序段可以进行复归操作，即加工可以从程序的中间开始，或回到程序中断处开始。

一般使用方法为：编程时将第一程序段冠以 N10，以后以间隔 10 递增的方法设置顺序号。这样，在调试程序时，如果需要在 N10 和 N20 之间插入程序段时，就可以使用 N11 和 N12 等。

B 准备功能字 G

准备功能字的地址符是 G，又称 G 功能（或 G 指令），是用于建立机床或控制系统工作方式的一种指令。后续数字一般为 1~3 位正整数。常见 G 功能字含义见表 8-1。

表 8-1 常用 G 功能字含义表

G 代码	FANUC 0i M 系统	G 代码	FANUC 0i M 系统
G00	快速移动点定位	G50. 1	可编程镜像取消
G01	直线插补	G51. 1	可编程镜像有效
G02	顺时针圆弧插补	G54~G59	选择工件坐标
G03	逆时针圆弧插补	G68	坐标旋转
G04	暂停	G69	坐标旋转取消
G10	可编程数据输入	G73	排屑钻孔循环
G15	极坐标指令取消	G74	左旋攻丝循环
G16	极坐标指令	G76	精镗循环
G17	XY 平面选择	G80	撤销固定循环
G18	ZX 平面选择	G81	定点钻孔循环
G19	YZ 平面选择	G83	排屑钻孔循环
G20	英寸输入	G84	攻丝循环
G21	毫米输入	G86	镗孔循环
G28	返回参考点	G90	绝对值编程
G40	刀具补偿注销	G91	增量值编程
G41	刀具左补偿	G92	设定工件坐标系
G42	刀具右补偿	G92. 1	工件坐标系预置
G43	刀具长度正补偿	G94	每分钟进给
G44	刀具长度负补偿	G95	每转进给
G49	刀具长度补偿注销	G98	固定循环返回起始平面
G50	比例缩放取消	G99	固定循环返回 R 平面
G51	比例缩放有效	—	—

C 进给功能字 F

进给功能字的地址符是 F，用于指定切削的进给速度。F 可分为每分钟进给和主轴每转进给 2 种。F 指令在螺纹切削程序段中常用来指令螺纹的导程。

D 主轴转速功能字 S

主轴转速功能字的地址符是 S，用于指定主轴转速，单位为 r/min。对于具有恒线速度功能的数控车床，程序中的 S 指令用来指定车削加工的线速度数。

E 刀具功能字 T

刀具功能字的地址符是 T，用于指定加工时所用刀具的编号。对于数控车床，其后的数字还兼作指定刀具长度补偿和刀尖半径补偿用。

F 辅助功能字 M

辅助功能字的地址符是 M，后续数字一般为 1～3 位正整数，又称为 M 功能（或 M 指令），用于指定数控机床辅助装置的开关动作。M 功能字含义见表 8-2。

表 8-2 M 功能字含义表

M 功能字	含 义	M 功能字	含 义
M00	程序停止	M08	冷却液开
M01	选择停止	M09	冷却液关
M03	主轴顺时针旋转	M30	程序停止并返回
M04	主轴逆时针旋转	M98	调用子程序
M05	主轴旋转停止	M99	返回子程序
M06	换刀	—	—

8.3.1.3 程序格式

A 程序段格式

程序段是可作为 1 个单位来处理的、连续的字组，是数控加工程序中的 1 条语句。1 个数控加工程序是若干个程序段组成的。

程序段格式是指程序段中的字、字符和数据的安排形式。现在一般使用字地址可变程序段格式，每个字长不固定，各个程序段中的长度和功能字的个数都是可变的。地址可变程序段格式中，在上一程序段中写明的、本程序段里又不变化的那些字仍然有效，可以不再重写。这种功能字称为续效字（即模态指令）。

B 加工程序的一般格式

加工程序的一般格式包括：

（1）程序开始符和结束符。程序开始符和结束符是同一个字符，ISO 代码中是%，EIA 代码中是 EP，书写时要单列一段。

（2）程序号。程序号有 2 种形式：一种是英文字母 O 和 1~4 位正整数组成；另一种是由英文字母开头，字母数字混合组成的。一般要求单列 1 段。

（3）程序主体。程序主体是由若干个程序段组成的。每个程序段一般占 1 行。

（4）程序结束指令。程序结束指令可以用 M02 或 M30 表示。一般要求单列一段。

以下对加工程序的一般格式进行举例：

```
% //开始符
O1000 //程序号
N10 G00 G54 X50 Y30 M03 S3000
N20 G01 X88.1 Y30.2 F500 T02 M08
N30 X90 //程序主体
  .....
N300 M30
% //结束符
```

8.3.2　常用编程指令

数控加工程序是由各种功能字按照规定的格式组成。正确地理解各个功能字的含义，恰当地使用各种功能字，按规定的程序指令编写程序，是编好数控加工程序的关键。

程序编制的规则，首先是由所采用的数控系统来决定的，所以应详细阅读数控系统编程和操作说明书，以下按常用数控系统的共性概念进行说明，即：

（1）绝对尺寸指令和增量尺寸指令。绝对尺寸是指机床运动部件的坐标尺寸值相对于坐标原点给出。增量尺寸是指机床运动部件的坐标尺寸值相对于前一位置给出。

其中，G90 指定尺寸值为绝对尺寸；G91 指定尺寸值为增量尺寸。

这种表达方式的特点是同一条程序段中只能用 1 种，不能混用；同一坐标轴方向的尺寸字的地址符是相同的。

（2）G54、G55、G56、G57、G58 和 G59 选择 1~6 号加工坐标系，这些指令可以分别用来选择相应的加工坐标系。

（3）坐标平面选择指令。坐标平面选择指令是指用来选择圆弧插补的平面和刀具补偿平面。其中，G17 表示选择 XY 平面，G18 表示选择 ZX 平面，G19 表示选择 YZ 平面。一般情况下，数控车床默认在 ZX 平面内加工，数控铣床默认在 XY 平面内加工。

（4）快速点定位指令。快速点定位指令控制刀具以点位控制的方式快速移动到目标位置，其移动速度由参数来设定。指令执行开始后，刀具沿着各个坐标方向同时按参数设定的速度移动，最后减速到达终点。需要注意的是，在各坐标方向上有可能不是同时到达终点。刀具移动轨迹是几条线段的组合，不是一条直线。例如，在 FANUC 系统中，运动总是先沿 45°角的直线移动，最后再在某一轴单向移动至目标点位置。编程人员应了解所使用的数控系统的刀具移动轨迹情况，以避免加工中可能出现的碰撞。

程序格式为：G00 X~Y~Z~。其中，X、Y、Z 的值是快速点定位的终点坐标值。

（5）直线插补指令。直线插补指令用于产生按指定进给速度 F 实现的空间直线运动。

程序格式为：G01 X~ Y~ Z~ F~。其中，X、Y、Z 的值是直线插补的终点坐标值。

（6）圆弧插补指令。G02 是指按指定进给速度的顺时针圆弧插补；G03 是指按指定进给速度的逆时针圆弧插补。圆弧顺逆方向的判别为：沿着不在圆弧平面内的坐标轴，由正方向向负方向看，顺时针方向 G02，逆时针方向 G03。

程序格式为：

XY 平面：G17 G02 X~ Y~ I~ J~（R~）F~；G17 G03 X~ Y~ I~ J~（R~）F~。其中，X、Y、Z 的值是指圆弧插补的终点坐标值；I、J、K 是指圆弧起点到圆心的增量坐标，与 G90，G91 无关；R 为指定圆弧半径，当圆弧的圆心角≤180°时，R 值为正，当圆弧的圆心角大于 180°小于 360°时，R 值为负。

如图 8-2 所示，当圆弧 A 的起点为 P_1，终点为 P_2，圆弧插补程序段为：

G02 X321.65 Y280 I40 J140 F50 或 G02 X321.65 Y280 R-145.6 F50。

当圆弧 A 的起点为 P_2，终点为 P_1时，圆弧插补程序段为：

G03 X160 Y60 I-121.65 J-80 F50 或 G03X160 Y60 R-145.6 F50。

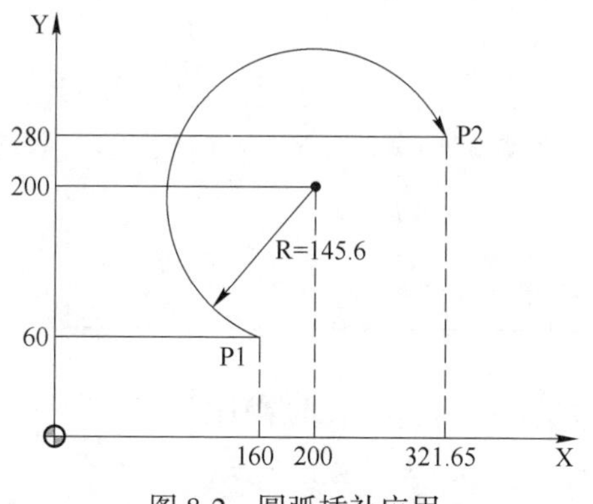

图 8-2　圆弧插补应用

【例 8-1】　根据表 8-3 编写（9 和 3 两个数字）加工程序。其中深度 0.1mm。

表 8-3　加工程序

00093	程　序　号
G55 G90 G17	选择 G55 坐标系、绝对值编程、XY 平面
G0 Z100	Z 轴快速定位至安全高度
M3 S1500	主轴正转 1500r/min
X-7. 5 Y2. 5	X，Y 轴快速定位至 A 点上方
Z2	Z 轴靠近工件
G1 Z-0. 1 F40	直线插补 Z 轴至尺寸 A 点，切削速度 40mm/min
G3 X-2. 5 R2. 5 F200	逆时针圆弧插补至 B 点，切削速度 200mm/min
G1 Y2. 5	直线插补至 C 点
G3 I-2. 5	逆时针圆弧插补切削整圆
G0 Z2	快速定位，刀具离开工件表面 2mm
X2. 5	快速定位至 D 点上方
G1 Z-0. 1 F40	直线插补至 D 点
G2 X5 Y0 R-2. 5 F200	顺时针圆弧插补至 E 点
X2. 5 Y-2. 5 R-2. 5	顺时针圆弧插补至 F 点
G0 Z100	Z 轴退刀
G91G28 Y0	Y 轴返回参考点
M30	程序结束并返回
%	程序结束符

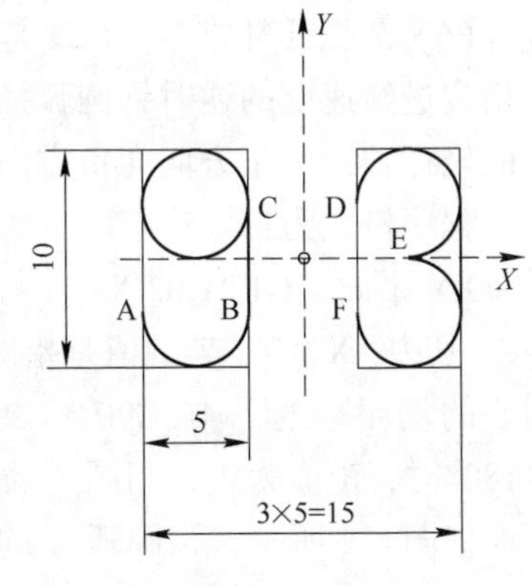

8.4　数控铣床（加工中心）的基本操作

8.4.1　FANUC 0i-M 系统的编辑面板

FANUC 0i-M 系统的编辑面板如图 8-3 所示。

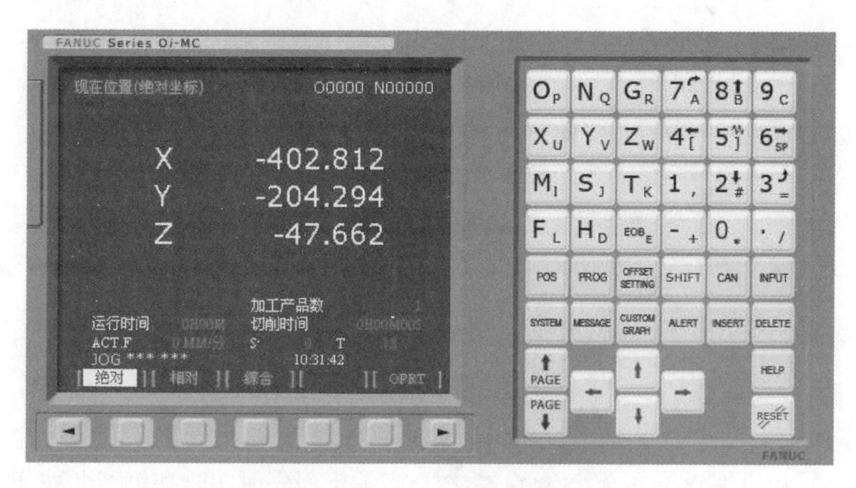

图 8-3　FANUC 0i-M 系统的编辑面板

FANUC 0i-M 系统的编辑面板中包含以下功能键：

（1）地址/数字键  。这些键可输入字母、数字和其他字符。

（2）功能键 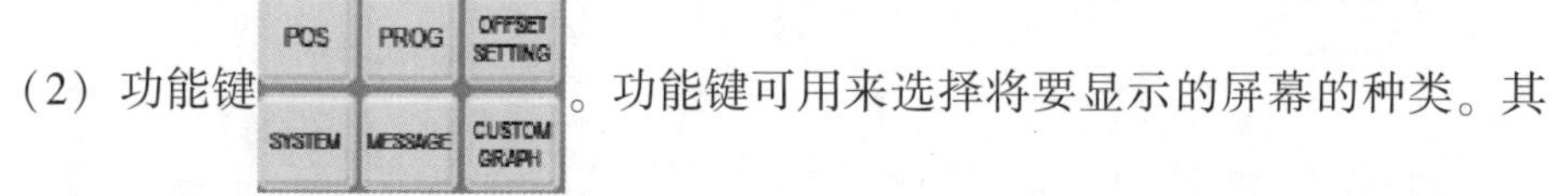 。功能键可用来选择将要显示的屏幕的种类。其中，各键的功能为：

1）POS。按此键可显示位置画面。

2）PROG。按此键可显示程序画面。

3）OFFSET SETTING。按此键可显示刀补画面。

4）SYSTEM。按此键可显示系统画面。

5）MESSAGE。按此键可显示信息画面。

6）CUSTOM GRAPH。按此键可显示图形画面。

（3）切换键 SHIFT 。有些键有 2 个字符，按下此键来选择右下角的字符。

（4）取消键 CAN 。按此键可删除已输入到键的输入缓冲器的最后一个字符。

（5）输入键 INPUT 。当按了地址键或数字键后，数据被输入到缓冲器，并在 CRT 屏幕上显示出来。为了把键入到输入缓冲器中的数据拷贝到寄存器中，按 INPUT 键。

（6）程序编辑键 ALERT INSERT DELETE 。当编辑程序时按这些键。各按钮的作用为：

1）ALERT 表示替换；

2）INSERT 表示插入；

3）DELETE 表示删除。

（7）翻页键 ↑PAGE PAGE↓ 。这 2 个键用于在屏幕上朝前朝后翻一页。

（8）光标移动键 ← ↑ ↓ → 。这 4 个光标分别用于将光标朝左、右、上、下方向移动。

（9）帮助键 HELP 。按此键可用来显示如何操作机床（如 MDI 键的操作），也可在 CNC 发生报警时提供报警的详细信息。

（10）复位键 RESET 。按此键可使 CNC 复位，用以消除报警等。

（11）软键 ◄ ► 。当某一软键在功能键之后被按下，就可以选择与所选功能相关的屏幕。

8.4.2 机床操作面板

机床操作面板如图 8-4 所示。

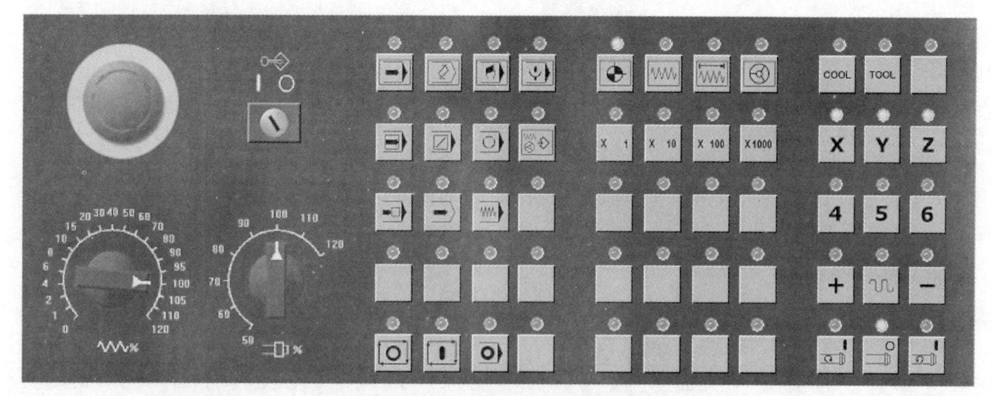

图 8-4 机床操作面板

机床操作面板包含以下按钮：

（1）操作方式选择按钮开关。

其中，各按钮的作用为：

1）。该按钮为自动方式，可自动执行存储在 NC 里的加工程序。

2）。该按钮为编辑方式，可进行零件加工程序的编辑，修改等。

3）。该按钮为手动数据输入方式，可在 MDI 页面进行简单的操作修改参数等。

4）。该按钮为在线加工方式，可通过计算机控制机床进行零件加工。

5）。该按钮为手轮方式，此方式下手摇脉冲发生器生效。

6）。该按钮为手动方式，此方式下按下各轴的轴选择按钮，选定的轴将以手动进给速度移动。

7）。该按钮为增量进给方式。

8）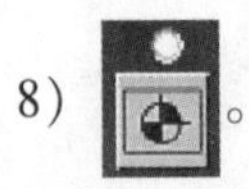。该按钮为参考点返回方式，可进行各坐标轴的参考点返回。

（2）手动进给速度开关。在以手动或自动操作各轴的移动时，可通过调整此开关来改变各轴的移动速度。

（3）主轴倍率选择开关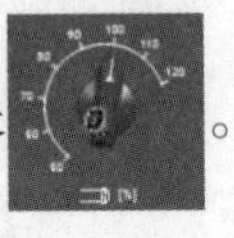。在自动或手动操作主轴时，旋转此开关可调整主轴的转速。

（4）手摇脉冲发生器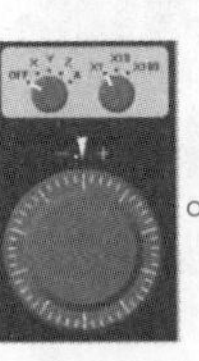。在手轮操作方式下，通过旋转手摇脉冲发生器可运行坐标轴。其中，每一圈有 100 格，每 1 格为 1 个脉冲。同时还可以进行 X1、X10、X100 的倍率选择。

（5）电源按钮开关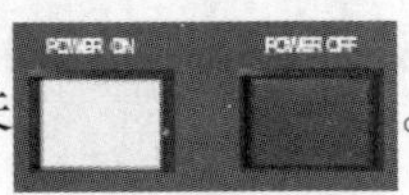

。其中，各按钮的作用为：

1）。按下此按钮，系统上电；

2）。按下此按钮，系统断电。

（6）循环启动与进给保持按钮。其中，各按钮的作用为：

1）。此按钮可在自动运行和 MDI 方式下使用，按下后进行程序的自动运行；

2）。按下此按钮，可使其暂停。

（7）紧急停止按钮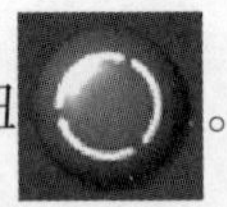。当运行中遇有危险的情况时，立即按下此按钮，

机械将立即停止所有的动作；需解除时，顺时针方向旋转此钮，即可恢复待机状态。

（8）手动控制主轴按钮。其中，各按钮的作用为：

1）。此按钮为主轴正转开关；

2）。此按钮为主轴停止开关；

3）。此按钮为主轴反转开关。

（9）进给轴选择按钮开关。在手动方式下，按下要运动的轴的按钮，被选择的轴会以进给倍率进行移动；松开按钮时，轴则停止移动。

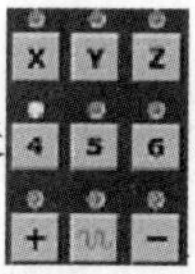

（10）单程序段开关。选择【ON】后，在自动运行时，仅执行一个程序段指令动作，动作介绍后停止；选择【OFF】后，可连续性地执行程序段指令。

（11）空运行开关。选择此开关后以手动进给速率开关设定进给速率，会替换原程序设定的进给速率。

（12）选择停止开关。选择【ON】后，当M01以被输入程序，按此钮，则当M01被执行完后，机械会自动停止运转；选择【OFF】后，程序内容中选择停止的指令（M01）视同无效。

（13）程序段跳跃开关。选择【ON】后，单段指令前加“/”则视同有效，直接执行下一段；选择【OFF】后，单段指令前加“/”仍会执行。

（14）机床锁。选择此功能，三轴机械被锁定，无法移动，但程序指令仍会执行。

（15）。此按钮为程序保护开关。

8.4.3　数控铣床（加工中心）的基本操作

8.4.3.1　开机

开机过程的操作步骤为：

(1) 合上机床总电源；

(2) 按系统电源开；

(3) 顺时针旋转急停开关，使其自动弹上。

8.4.3.2　机械回零

机械回零过程的操作步骤为：

(1) 选择回零方式；

(2) 选择各坐标轴正方向；

(3) 使各轴返回原点，等待参考点指示灯不闪烁为止

。

8.4.3.3　输入加工程序

输入加工程序过程的操作步骤为：

(1) 选择编辑方式；

(2) 按程序功能键 PROG 进入编辑页面，键入程序号，如“O1234”按插入键 INSERT，新建一个程序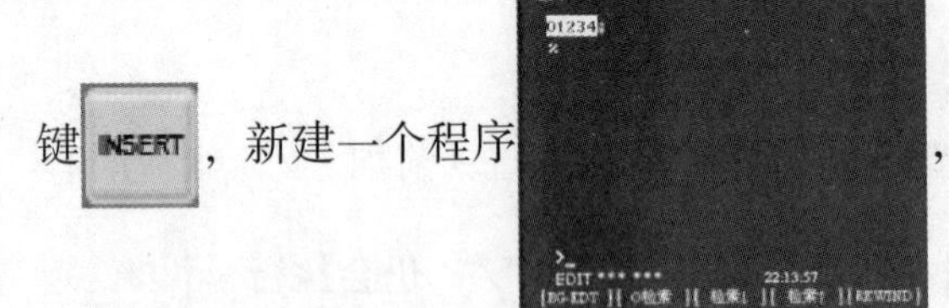

，然后把程序内容输入完毕。

8.4.3.4　刀补的设置

设1号刀补的长度为100mm，半径15mm。刀补设置过程的操作步骤为：

(1) 按刀补功能键 OFFSET SETTING，进入刀补页面，选择相应刀补号，光标选择对应的补偿位置；

（2）分别键入数据到缓冲器，按输入键 INPUT ，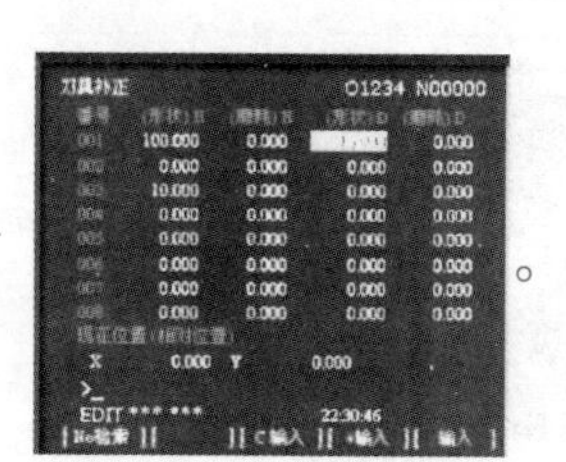。

8.4.3.5　程序的检验

程序检验过程的操作步骤为：

（1）进入编辑方式；

（2）按程序功能键 PROG ，选择相应的加工程序；

（3）按复位键 RESET ，使其光标处于程序第 1 行；

（4）选择自动方式；

（5）按图形功能 CUSTOM GRAPH ，选择图形显示页面；

（6）选择机床锁；

（7）空运行；

（8）按循环启动键，运行加工程序，屏幕会显示刀具路径。

8.4.3.6　建立工件坐标系（试切对刀法）

Z 轴零点建立的操作步骤为：

（1）选择手轮或手动方式，主轴旋转，使刀具接近工件。刀具慢慢靠近工件上表面，碰到后停止不动；

（2）选择刀补功能 OFFSET SETTING ，按软键按钮选择坐标系进入工件坐标系设定页面

；

（3）光标移至 G54 坐标系 Z 轴位置，键入“Z0”后按软键按钮“测量”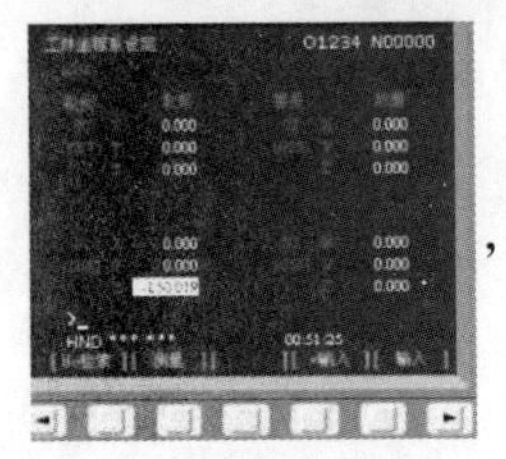

，Z 轴的零点确定在工件上表面。

X 轴零点的建立的操作步骤为：

（1）刀具旋转后移到工件右边，使其与工件接触后停止不动，选择位置功能 POS ；

（2）按软键按钮选择相对坐标，按地址键 X_U ，这时屏幕上 X 轴会在闪动；

（3）按软键按钮“归零”，X 轴会变 0

，Z 轴抬刀，移到工件左边，与工件接触后停止不动，选择位置功能 POS ；

（4）按软键按钮选择相对坐标，查看选择的 X 轴的坐标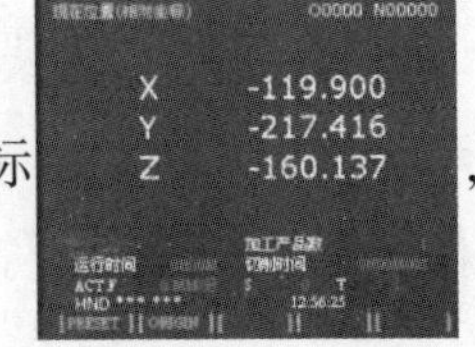

，用 X 轴的数据“-119. 9/2”等于“-59. 95”；

（5）选择刀补功能 OFFSET SETTING ；

（6）按软键按钮选择坐标系进入工件坐标系设定页面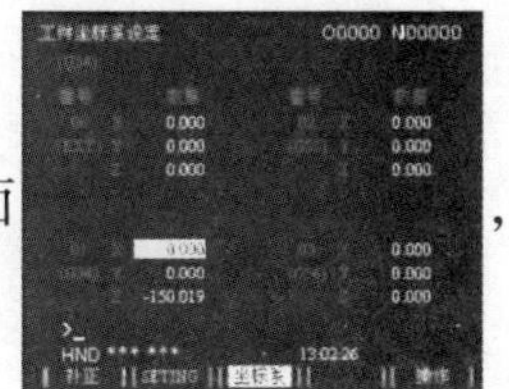

，光标移至 G54 坐标系 X 轴位置；

（7）输入“X-59.95”；

（8）按软键按钮“测量”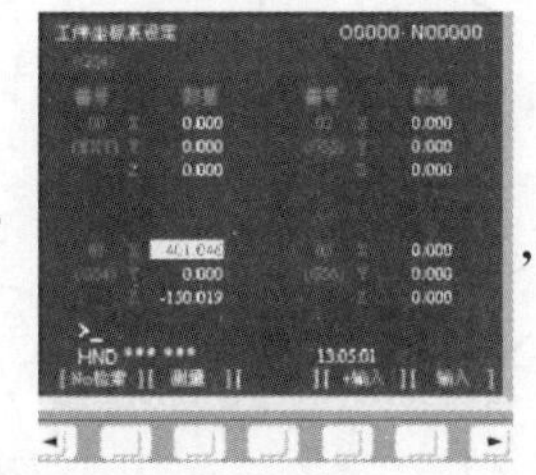

，X 轴零点就确定在工件的中心。

其中，Y 轴零点的建立与 X 轴的建立是一样的步骤。

8.4.3.7 自动加工

自动加工的操作步骤为：

（1）选择编辑方式进入编辑方式；

（2）按程序功能键 PROG，选择相应的加工程序；

（3）按复位键 RESET，使其光标处于程序第一行；

（4）选择自动方式；

（5）按循环启动键，进行自动加工。

8.4.4 实习操作及要求

实习过程中的操作和要求包括：

（1）毛坯 ϕ29mm×5mm 厚铝件，加工深度 0.1mm。

（2）刀具为 ϕ4mm 球头铣刀。

（3）根据自己学号最后两位数字设计加工图形，编写加工程序。

（4）独立完成机床的操作，加工出自己设计的零件。

【例 8-2】 加工练习图（见图 8-5）。数控铣加工用雕刻刀进行加工，只编写轮廓程序，深度 0.1~0.2mm，自行根据图形进行编程、录入、检验、操作和加工。

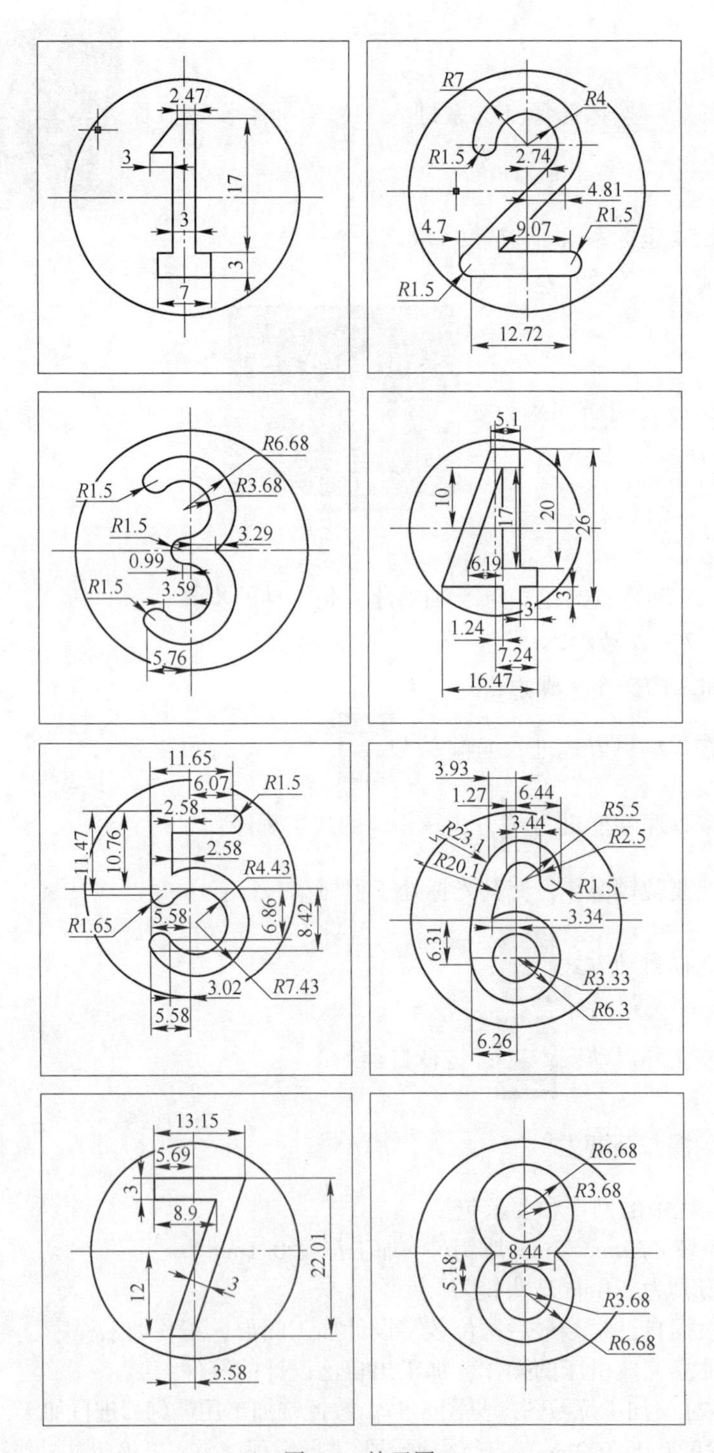
2.47
3
17
3
3
7
R7
R4
R1.5
2.74
4.81
R1.5
4.7
9.07
R1.5
12.72
R6.68
R1.5
R3.68
R1.5
3.29
0.99
R1.5
3.59
5.76
5.1
10
17
20
26
6.19
3
3
1.24
7.24
16.47
11.65
6.07
R1.5
2.58
11.47
10.76
2.58
R4.43
R1.65
5.58
6.86
8.42
3.02
R7.43
5.58
3.93
1.27
6.44
R5.5
3.44
R23.1
R2.5
R20.1
R1.5
3.34
6.31
R3.33
R6.3
6.26
13.15
5.69
3
8.9
22.01
12
3
3.58
R6.68
R3.68
8.44
5.18
R3.68
R6.68

图 8-5　练习图

9 数控线切割操作

扫一扫免费观看视频讲解

9.1 实习目的与要求

9.1.1 实习目的

（1）了解线切割加工基础知识及数控电火花线切割的加工原理；
（2）了解线切割的工艺特点和应用范围；
（3）了解线切割组成及用途，同时了解数控电火花线切割加工机床的分类；
（4）熟悉线切割安全操作技术。

9.1.2 实习要求

通过实际操作，掌握线切割机床操作方法；在指导老师的指导下，能利用机床进行创新图案的设计与加工。

9.2 数控线切割基础知识

9.2.1 电火花线切割概述

数控电火花线切割加工是在电火花成形加工基础上发展起来的，简称线切割。它以移动着的金属细丝作电极，在电极丝与工件之间产生火花放电，并同时按要求的形状驱动工件进行加工。电火花线切割机床如图 9-1 所示。

图 9-1　电火花线切割机床

电火花线切割可应用于冲模、挤压模、塑料模和电火花型腔模的电极加工等，也可对一些无法用机加工方法进行切割的高硬度和高熔点的金属进行加工。

根据数控电火花线切割加工机床的电极丝运动方式的不同，可分为高（快）速和低速走丝数控电火花线切割加工机床2类。高（快）速走丝数控电火花线切割机床与低速走丝电火花线切割机床的区别见表9-1。

表9-1　高（快）速、低速走丝数控电火花线切割机床的区别

高（快）速走丝数控电火花线切割机床	低速走丝数控电火花线切割机床
电极丝运行速度300~700m/min，双向往返循环运动	电极丝运行速度3m/min，最高15m/min
电极丝主要是钼丝（ϕ0.1~0.2mm）	电极丝主要是纯铜、黄铜、钨、铝、各种合金以及金属涂覆线（ϕ0.03~0.35mm）
工作液为乳化液和去离子水	工作液为煤油和去离子水
加工精度为±0.015~±0.02mm，表面粗糙度 *Ra* 值为1.25~2.5μm，目前能达到的精度为0.01mm，表面粗糙度 *Ra* 值为0.63~1.25μm	加工精度为±0.001mm，表面粗糙度 *Ra* 值为0.3μm

9.2.2　电火花线切割的工作原理

电火花线切割机床的工作原理如图9-2所示。工件装夹在机床的坐标工作台上作为工件电极，接脉冲电源的正极；采用细金属丝作为工具电极（称为电极丝），接入负极。若在两电极间施加脉冲电压，并由伺服电机驱动坐标工作台沿X、Y两个坐标方向移动。当两电极间的距离小到一定程度时（0.01mm左右），在电极丝和工件之间产生一次火花放电，在放电通道的中心瞬间温度可高达8000~12000℃，高温使工件金属融化，甚至有少量气化。当电极丝沿工件预定轨迹边蚀除、边进给，即可逐步将工件切割加工成形。

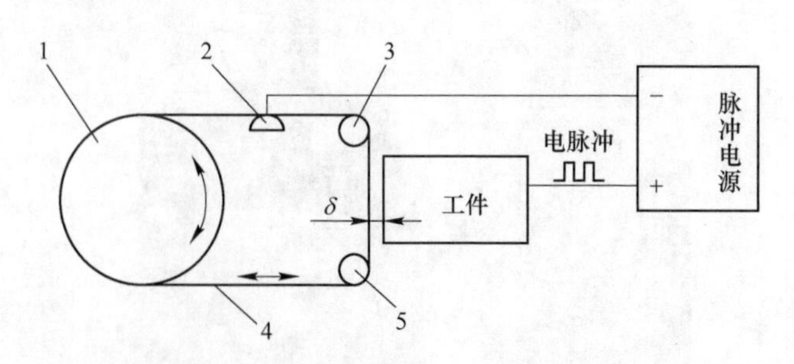

图9-2　电火花线切割机床的工作原理

1—贮丝筒；2—导电块；3—上导轮；4—电极丝；5—下导轮

9.2.3 电火花线切割加工的工艺

线切割加工一般作为工件加工中最后的工序。要达到零件的加工要求，应合理控制线切割加工的各种工艺因素，同时选择合适的工装。

9.2.3.1 工艺分析

在切割加工工艺中，首先对零件图进行分析，以明确加工要求；其次是确定工艺基准，采用何种方法定位。

9.2.3.2 工件的装夹

如图9-3所示，工件装夹的方式有悬臂支撑方式、双端支撑方式、桥式支撑方式、板式支撑方式、复式支撑方式和弱磁力夹具等。

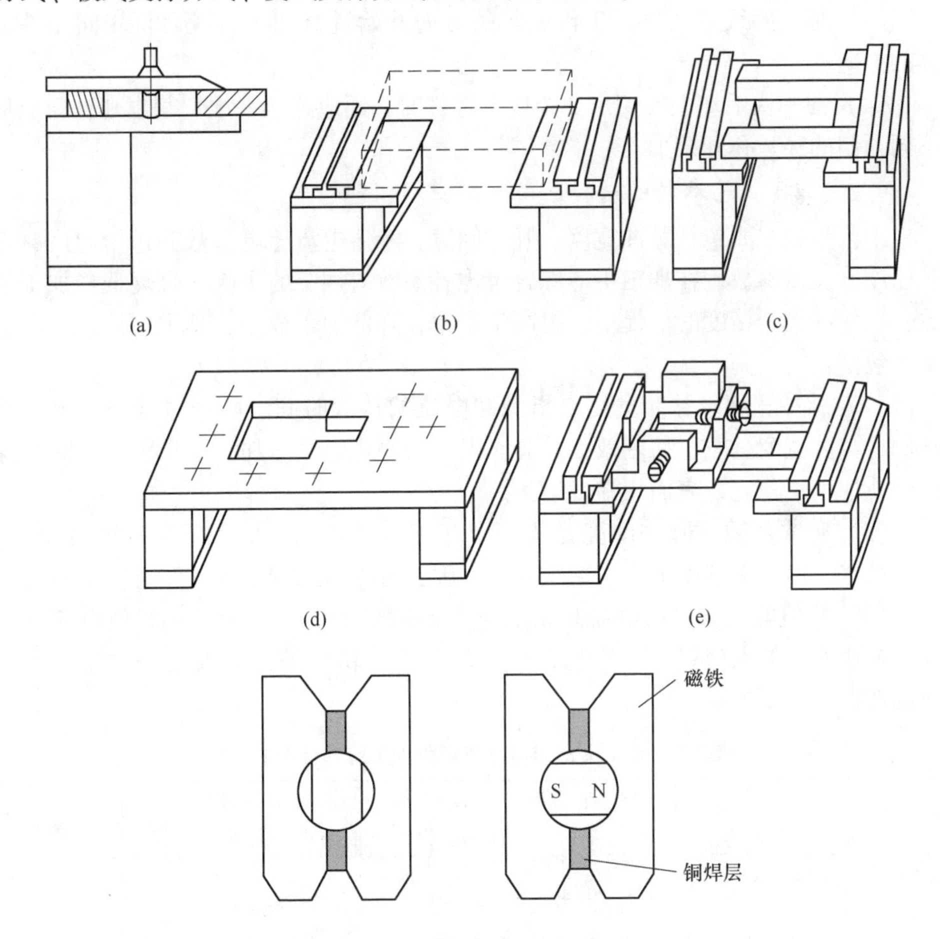

图9-3 工件装夹方式

(a) 悬臂支撑方式；(b) 双端支撑方式；(c) 桥式支撑方式；(d) 板式支撑方式；(e) 复式支撑方式；(f) 弱磁力夹具

工件装夹的一般要求是：

（1）待装夹工件的基准部位应清洁无毛刺，符合图样要求；

（2）所有夹具精度要高，装夹前先将夹具与工作台面固定好；

（3）保证装夹位置在加工中能够满足加工行程的需求，工作台移动时不得与丝架臂相碰。

9.2.3.3　线切割路线的确定

在加工时，工件内部残余应力的相对平衡受到破坏后，会引起工件的变形，所以在选择切割路线时，须注意以下方面：

（1）避免从工件端面开始加工，应从穿丝孔开始加工；

（2）加工的路线距离端面（侧面）应大于5mm；

（3）加工路线应从离开工件夹具的方向开始进行加工，最后再转向工件夹具的方向；

（4）在1块毛坯上要切出2个以上零件时，不应连续一次切割出来，而应从不同预制的穿丝孔开始加工。

9.2.3.4　工艺参数的选择

工艺参数主要包括脉冲宽度、脉冲间隙、峰值电流等电参数和进给速度、走丝速度等机械参数。在加工中应综合考虑各参数对加工的影响，合理选择加工参数，在保证加工精度的前提下，提高生产率，降低加工成本。其中，该工艺参数主要包括：

（1）脉冲宽度。脉冲宽度是指脉冲电流的持续时间。脉冲宽度与放电量成正比，脉冲宽度越宽，切割效率越高。但电蚀物也随之增加，如果不能及时排除则会使加工不稳定，表面粗糙度增大。

（2）脉冲间隙。脉冲间隙是指两个相邻脉冲之间的时间。脉冲间隙增大，加工稳定，但切割速度下降。减小脉冲间隙，可提高切割速度，但对排屑不利。

（3）峰值电流。峰值电流是指放电电流的最大值。合理增大峰值电流可提高切割速度，但电流过大，容易造成断丝。高（快）速走丝线切割加工脉冲参数的选择见表9-2。

表9-2　高（快）速走丝线切割加工脉冲参数的选择

<table>
<tr><th>应　用</th><th>脉冲宽度
t_i/μs</th><th>电流峰值
I_e/A</th><th>脉冲间隔
t_0/μs</th><th>空载电压/V</th></tr>
<tr><td>快速切割或加工大厚度工件 Ra>2.5μm</td><td>20~40</td><td>>12</td><td rowspan="3">为实现稳定加工，一般选择 t_0/I_e 为 3~4 及以上</td><td rowspan="3">70~90</td></tr>
<tr><td>半精加工 Ra=1.25~2.5μm</td><td>6~20</td><td>6~12</td></tr>
<tr><td>精加工 Ra<1.25μm</td><td>2~6</td><td><4.8</td></tr>
</table>

9.3　电火花线切割加工的安全技术规程

此过程的安全技术规程包括：

（1）实习前必须仔细阅读实习指导书。未经指导老师同意，不得开动机床设备，否则将承担造成的经济损失。

（2）用手摇柄操作储丝筒后，应及时将手摇柄拔出，防止储丝筒转动时将手摇柄甩出伤人。废丝要放在规定的容器内，防止混入电路和走丝系统中，造成电器短路、触电和断丝事故。

（3）正式加工工件之前，应确认工件位置安装是否正确，防止碰撞丝架和因超程撞坏丝杠和螺母等传动部件。对于无超程限位的工作台，要防止超程坠落事故。

（4）操作机床之前，要仔细检查输入的各种数据，确定合适的加工条件。严禁随意修改或删除机床参数和内部程序。

（5）操作机床时，不得擅自离开机床，必须在老师的指导下单独轮流进行。一位同学操作时，其他同学不得启动（关停）机床上的任何按钮，以免对操作者或机床设备造成损害。

（6）加工过程中如遇紧急情况，应立刻按下机床操作面板上的红色急停开关，并立即报告指导老师，不得擅自处理，以免损坏设备。

（7）当使用电极丝补偿功能时，要仔细检查补偿方向和补偿量。

（8）在机床上运行程序加工工件前，一定要进行程序的校验，准确设定穿丝点、切入点和切割方向，确定合理的放电条件，确认无误后方可加工工件。

（9）装夹工件时一定要留出加工余量，保证电极丝在切割过程中不能切割到夹具或工作台。

（10）移动电极丝接近工件时，要缓慢，不要使电极丝与工件发生碰撞。

（11）加工过程中，身体的任何部位不能触及工作台、夹具和切割区，以防触电。特别注意手不能触摸电极丝。

（12）停机时，应先停高频脉冲电源，再停工作液，让电极丝运行一段时间，并等储丝筒反向后再停走丝。

（13）定期检查机床的保护接地是否可靠，注意各部位是否漏电，尽量使用防触电开关。合上加工电源后，不可用手或手持刀电工具同时接触脉冲电源的两输出端，防止触电。

（14）实习结束后，应切断电源，打扫场地和清洁机床，并润滑机床。

9.4　数控线切割机床的操作步骤及要求

使用DK7745锥度电火花数控线切割机床时，加工前先准备好工件毛坯、压板和夹具等装夹工具。

数控线切割机床的操作步骤为：

（1）打开机床总电源开关→打开高频电源开关→打开驱动电源开关。

（2）打开电脑→进入系统主界面→选择 Pro 绘图编程→回车→绘制工件图→选择文件另存为→回车→输入文件名→保存。

（3）选择数控程序→回车→选择加工路线→回车→选择加工起始点→输入半径补偿→回车→输入补偿间隙→回车→选择代码存盘→回车→按“F2”键→选择退出系统→回车，退出绘图主界面。

（4）选择模拟切割→回车→选择切割文件→回车→按“F1”键→两次回车，开始模拟切割。

（5）模拟切割完毕，按“Esc”键→选择停止→回车→按“Esc”键，退出模拟切割界面。

（6）选择加工 1 号→回车→选择切割→回车→选择切割文件→回车→按“F11”键→按“F10”键→按“F12”键，解除机床闭锁。

（7）消除工件毛刺和氧化层，使之具有良好的导电性。随后清洁机床工作台，装夹工件。

（8）松开机床紧急停止开关，然后按下机床启动开关（检查换相开关有无异常），最后按下水泵开关（检查工作液有无异常）。

（9）对刀。调节 X、Y 轴，使工件与钼丝接触产生电火花。根据工艺要求和材料厚度调节脉间和脉宽。

（10）按“F10”键→按“F12”键→按“F1”键→两次回车→开始自动加工（中途如需暂停，按空格键，选择相应菜单，机床如有异常按下机床紧急停止开关）。

（11）加工完毕电脑报警→按空格键→选择停止→回车→按“F11”键→按“F10”键→按“F12”键→关闭驱动电源开关→关闭高频电源开关。

（12）移动 X、Y 轴使工件离开钼丝，然后按下机床紧急停止开关，卸下工件。

（13）关闭电脑，然后关闭机床总电源开关。清洁机床，加工完毕。

线切割机床的操作作业及要求包括：

（1）每个学生 60mm×60mm×3mm 的冷扳一块；

（2）根据冷扳尺寸自行用电脑画图设计平面形状图形；

（3）后处理设置好后，进行操作机床切割加工完成；

（4）记号笔写上名字上交作品。

参考练习图如图 9-4 和图 9-5 所示。

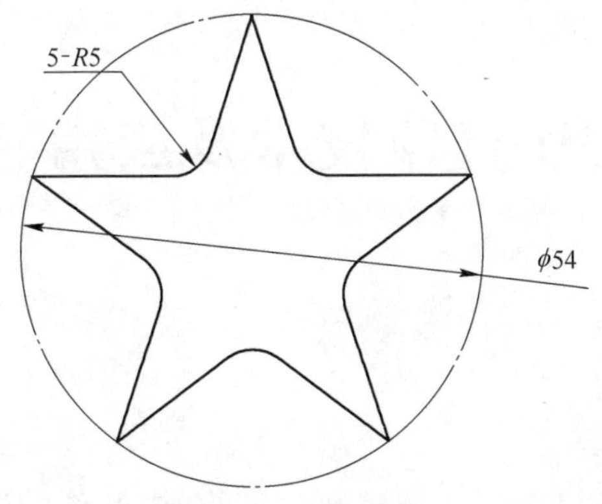

图 9-4 五角星图

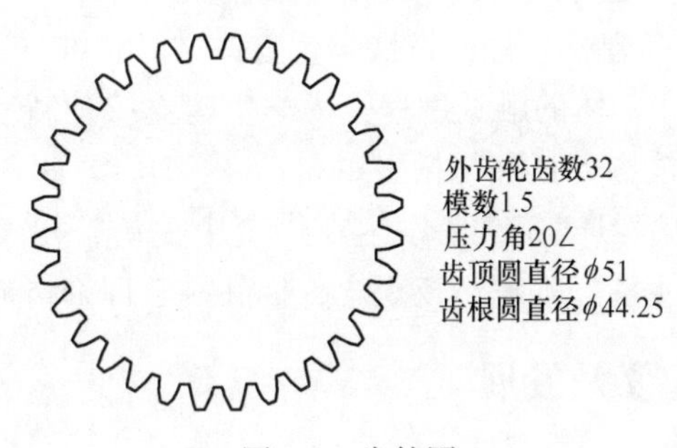

图 9-5 齿轮图

10　3D 打印技术及应用

扫一扫免费观看视频讲解

10.1　目的和要求

目的和要求如下：

(1) 通过 3D 打印，让学生的想象更容易变成现实，培养学生的创新意识，激发学生学习技术的兴趣与热情，鼓励学生创新实践。

(2) 学习运用简易建模软件，发展学生立体空间思维。

(3) 通过 3D 打印实体的触觉过程，为学生建立一种新型学习通道。提高学生的动手能力，实现能力的迁移与拓展。

(4) 营造浓厚的学习气氛，使学生在借鉴中模仿，在模仿中思考，在思考中创新，增强社会、生活、知识产权观念，提高科学理论精神和技术素养。

10.2　3D 打印的定义及发展

10.2.1　3D 打印的定义

3D 打印即快速成型技术的一种，它是一种以数字模型文件为基础，运用粉末状金属或塑料等可黏合材料，通过逐层打印的方式来构造物体的技术。

3D 打印通常是采用数字技术材料打印机来实现的。常在模具制造、工业设计等领域被用于制造模型，后逐渐用于一些产品的直接制造，已经有使用这种技术打印而成的零部件。

该技术在珠宝、鞋类、工业设计、建筑、工程各施工（AEC）、汽车、航空航天、牙科各医疗产业、教育、地理信息系统、土木工程、枪支以及其他领域都有所应用，只要行业需要模型和原型，3D 打印机的应用对象可以是任何行业。

10.2.2　3D 打印的历史进程

3D 打印的历史进程见表 10-1。

表 10-1　3D 打印的历史进程

年　份	历 史 进 程
1986 年	Charles Hull 开发了第一台商业 3D 印刷机

续表 10-1

年 份	历 史 进 程
1993 年	麻省理工学院获 3D 印刷技术专利
1995 年	美国 ZCorp 公司从麻省理工学院获得唯一授权并开始开发 3D 打印机
2005 年	市场上首个高清晰彩色 3D 打印机 Spectrum Z510 由 ZCorp 公司研制成功
2010 年 11 月	世界上第一辆由 3D 打印机打印而成的汽车 Urbee 问世
2011 年 8 月	南安普敦大学的工程师们开发出世界上第一架 3D 打印的飞机
2012 年 11 月	苏格兰科学家利用人体细胞首次用 3D 打印机打印出人造肝脏组织
2013 年 10 月	全球首次成功拍卖一款名为“ONO 之神”的 3D 打印艺术品
2013 年 11 月	美国德克萨斯州奥斯汀的 3D 打印公司“固体概念”（Solid Concepts）设计制造出 3D 打印金属手枪

10.3 3D 打印原理和分类

10.3.1 3D 打印原理

3D 打印机又称三维打印机（3DP），是一种累积制造技术，即快速成形技术的一种机器，它是一种数字模型文件为基础，运用特殊蜡材、粉末状金属或塑料等可黏合材料，通过打印一层层的黏合材料来制造三维的物体。

传统打印机是只要轻点电脑屏幕上的“打印”按钮，一份数字文件便被传送到一台喷墨打印机上，它将一层墨水喷到纸的表面以形成一副二维图像。而 3D 打印机首先将物品转化为一组 3D 数据（三维空间数据），然后打印机开始逐层分切，针对分切的每一层构建，按层次打印。

打印时，耗材会一层一层地打印出来，层与层之间通过特殊的胶水进行黏合，并按照横截面将图案固定住，最后一层一层叠加起来，就像我们坐在海边用沙子堆砌城堡一样的程序，最终经过分层打印、层层黏合、逐层堆砌，一个完整的物品就会呈现在我们眼前。

10.3.2 3D 打印机分类

3D 打印机可分为以下几类：

（1）家用 3D 打印机。德国发布了一款迄今为止最高速的纳米级别微型 3D 机——Photonic Professional GT，这款 3D 打印机，能制作纳米级别的微型结构，以最高的分辨率，快速的打印宽度，打印出不超过人类头发直径的三维物体。

（2）彩印 3D 打印机。2013 年 5 月上市高端机型 Projet 660 Pro 和 Projet 860 Pro 可以使用 CMYK（青色、洋红、黄色、黑色）4 种颜色的黏合剂，实现 600

万色以上的颜色。

（3）最小的 3D 打印机。世上最小的 3D 打印机来自维也纳技术大学，这款迷你 3D 打印机只有大装牛奶盒大小，重量约 3. 3lb（约 1. 5kg），造价 1200 欧元（约 1. 1 万元人民币）。相比于其他的打印技术，这款 3D 打印的成本大大降低。

（4）最大的 3D 打印机。世上最大的 3D 打印机来自华中科技大学史玉升科研团队，这一“3D 打印机”可加工零件长宽最大尺寸均达到 1. 2m，从理论上说，只要长宽尺寸小于 1. 2m 的零件（高度无须限制），都可通过这部机器打印出来，这项技术将复杂的零件制造变为简单的由下至上的二维叠加，大大降低了设计与制造的复杂度，缩短了制造时间。

10.3.3　3D 打印的优势

3D 打印带来了世界性制造业革命，以前是部件设计完全依赖于生产工艺能否实现，而 3D 打印机的出现，将会颠覆这一生产思路，这使得企业在生产部件时不再考虑生产工艺问题，任何复杂形状的设计均可以通过 3D 打印机来实现。3D 打印的优势见表 10-2。

3D 打印无须机械加工或模具，就能直接从计算机图形数据中生成任何形状的物体，从而极大地缩短了产品的生产周期，提高了生产率。

3D 打印机发展前景巨大，在未来的某一天人们或许可以通过 3D 打印机打印出几乎所有的物品。

表 10-2　普通制造方式与 3D 打印比较

普通制造方式	3D 打印	备注
部件设计完全依赖于生产工艺能否实现，因而限制了创新部件的发展	在生产部件的时候不用考虑生产工艺的问题，任何复杂形状的设计均可以通过 3D 打印机来实现	工艺、复杂性
用传统方法制造出一个模型通常需要数小时到数天，根据模型的尺寸以及复杂程度而定，越复杂时间越长	制造出一个模型用三维打印的技术则可能将时间缩短为数小时，当然由打印机的性能以及模型的尺寸和复杂程度而定的，性能越好、时间越短	制造时间
传统的制造技术，如注塑法可以以较低的成本大量制造聚合物产品	三维打印技术则可以以更快、更有弹性以及更低成本的办法生产数量相对较少的产品	生产产品数量

10. 4　3D 打印的缺陷

3D 打印的缺陷如下：

（1）打印设备成本高。至今为止，3D 打印设备仍然处于较高价格，这就阻碍了一些小型工厂、公司在工业化生产过程中对它的应用，对其发展造成了不小的困难，使得对于 3D 打印技术的应用推广增加了难度。

（2）制作精度低。3D 打印技术主要是通过控制原材料冷却以制成几何模型，然而融化的高温液体或粉末易凝固，不易控制其冷却成型，导致了制造成品的精度略低，进而造成工作效率低下。这一方面仍需进一步发展改进。

（3）材料选择具有局限性。3D 打印主要应用的材料有金属粉末、光敏树脂、塑料、陶瓷等一些容易融化的材料，而一些难以融化的材料就不能加以应用，并且现有可利用材料在物理、化学性能方面仍存在不足。

（4）能源浪费。3D 打印会使用到聚合物材料，工业化生产中对于 3D 打印技术的应用要使用激光器进行高温处理，这就会使它多产生相对于注塑机的传统注塑工艺而言将近 2/3 的废注塑材料。并且，在打印的过程中，会消耗大量的能源。

（5）机械设计的限制。因为 3D 打印给机械设计带来的无限可能，很多工业品都需要被重新设计优化，但是这个就涉及上游设计领域的大变革。传统 CAD 软件需要被颠覆，传统结构设计，应当向 topology（拓扑）优化方向发展，但是这些都是还没有成形的体系。此外，3D 打印并非想怎么做就能怎么做的，仍然需要考虑产品结构能否支撑，多余部分是否能够除去。例如：有些复杂零件需要优化，而传统的 CAD 软件却无法完成这一任务，当选用 SLS（粉末激光烧结）技术时，完全空心的球就不可能被打印出来，如果按 3D 打印的方法一层一层来，最终就无法去除中心的多余材料。

（6）工序问题。很多人可能以为 3D 打印就是电脑上设计一个模型，不管多复杂的内面、结构，按一下按钮，3D 打印机就能打印一个成品。这个印象其实不正确，真正设计一个模型，需要大量的工程、结构方面的知识，需要精细的技巧，并根据具体情况进行调整，另外制作完成后还需要一些后续工艺（如打磨、烧结、组装、切割等），这些过程通常需要大量的手工工作。例如：在现在的打印技术下，成品打印件的表面，塑料件只能说尚可，却不能说光滑，金属件则完全坑坑洼洼，可能还不如铸件光滑，所以必要的打磨和清理都是必需的。但当打磨变成一种必要的时候，就难逃人力成本和时间成本，3D 打印也就不那么智能和方便了。

（7）成本高昂。核心设备贵，即 3D 打印机的投资大、耗材贵，3D 打印的塑料颗粒和金属粉末成本高昂。3D 打印现在的精度并不适合制造大部分的高端工业品，而低端大规模生产的产品却显得效率极低，且单体机做生产，维护费用和难度是远远高于传统工艺把产业链平摊开的做法。高不成低不就，直接导致 3D 打印的工业附加值较低。例如：目前 3D 打印机的价格仍比较贵，3D 打印机所用的原材料更是昂贵，而长期、高负荷运转的单体机的维护成本仍然过高。还有就是材料，便宜的材料几百元每公斤，贵的要几万元；相对于普通铝材约 30

元/kg 的价格，3D 打印用的铝粉价格高达 800~1000 元/kg。

10.5　3D 打印技术的定位

3D 打印是一层层来制作物品，如果想把物品制作得更精细，则需要每层厚度减小；如果想提高打印速度，则需要增加层厚，而这势必影响产品的精度质量。尤其是考虑到时间成本，规模成本之后。因此，3D 打印技术急需找到自己的核心定位，是要精度还是要规模，若生产同样精度的产品，同传统的大规模工业生产相比，没有成本上的优势。首先 3D 打印技术可朝着精度方向发展。其次是朝着把 CNC 加工与 3D 打印技术结合起来，也就是可以从无到有打印零部件或是将材料增加到已有的工件上，然后按照指令进行加工，也可以先打印一部分，然后将喷嘴换成切削刀具进行加工，为下一层沉积做表面处理，再换回喷嘴来沉积下一层材料，或者也可以打印直到部件完成，然后再加工，直至变为成品。

虽然 3D 打印已涵盖汽车、航天航空、日常消费品、医疗、教育、建筑设计、玩具等领域，但由于打印材料的局限性，产品多停留在模型制作层面。也就是说，目前 3D 打印技术的优势主要是缩短设计阶段的时间，使得设计者的模型实现起来比较便利。譬如，在传统的制造业流程中，不管什么行业，设计师的图纸，需要在拆分为各个元素后，去开模，然后再组装，其弊病就是花费的周期比较长。而当设计师对模型做出调整后，相同的步骤又得重复一遍，循环往复。而有了 3D 打印，设计师的图纸可以快速变成实体，然后开模，进行规模化大生产。3D 打印技术的意义，更在于设计环节的时间成本的节约。

10.6　3D 打印的操作流程

巨影 3D 打印机如图 10-1 所示。

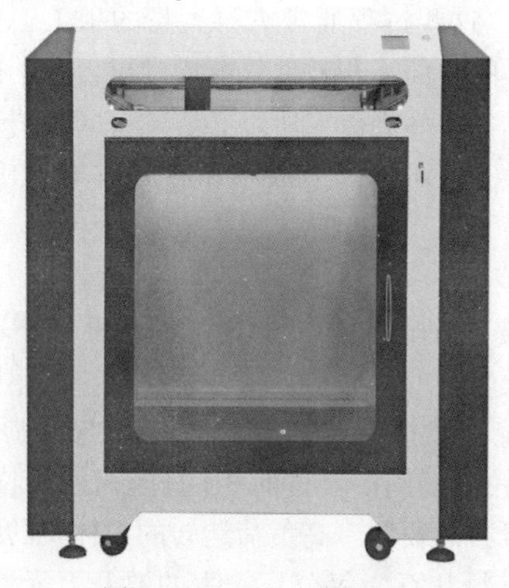

图 10-1　巨影 3D 打印机

10.6.1　R500 规格参数（巨影 3D 打印机）

R500 规格参数见表 10-3。

表 10-3　R500 规格参数

<table>
<tr><td rowspan="2">功能</td><td>打印尺寸</td><td>(X)500*(Y)500*(Z)500mm</td><td>喷嘴直径</td><td>0.4mm</td></tr>
<tr><td>打印精度</td><td>0.1mm</td><td>模型支撑</td><td>系统自动生成</td></tr>
<tr><td rowspan="2">机械</td><td>机器构建材质</td><td>全金属</td><td>连接</td><td>SD 卡</td></tr>
<tr><td>打印平台材质</td><td>高纤维复合底板</td><td>XY 连接系统</td><td>线性导轨</td></tr>
<tr><td rowspan="2">软件</td><td>文件格式</td><td>.STL/.OBJ/.gcode/.jpg</td><td>控制软件</td><td>RepetierHost</td></tr>
<tr><td>操作系统</td><td>Windows XP /Win7/Win8</td><td>切片软件</td><td>Cura/Slic3r</td></tr>
<tr><td>耗材</td><td colspan="4">直径 1.75mm PLA 等可塑性塑胶料</td></tr>
</table>

10.6.2　操作步骤

操作步骤：开机—回零—调平—升温、下料—打印。

10.6.2.1　机器开机

机器开机插上电源线，按下电源的开关（见图 10-2），再按系统按钮（见图 10-3）。

图 10-2　电源开关

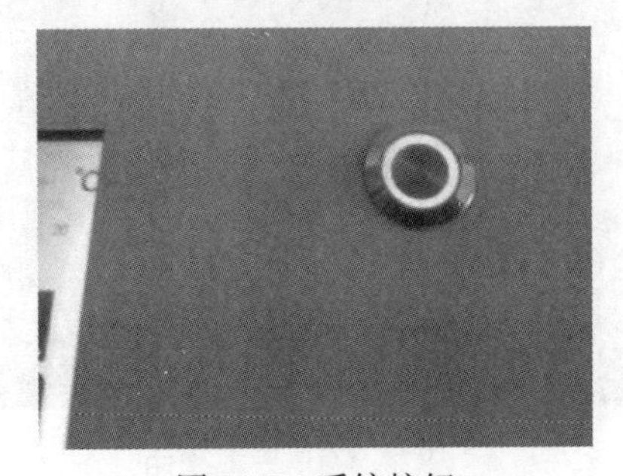

图 10-3　系统按钮

10.6.2.2　机器回零

点开系统界面的工具（见图 10-4），然后点击手动界面（见图 10-5），中央房子样图标指的是回零。

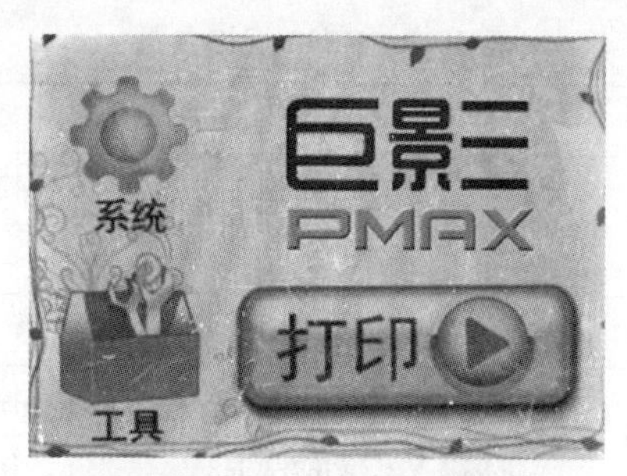

图 10-4　系统界面

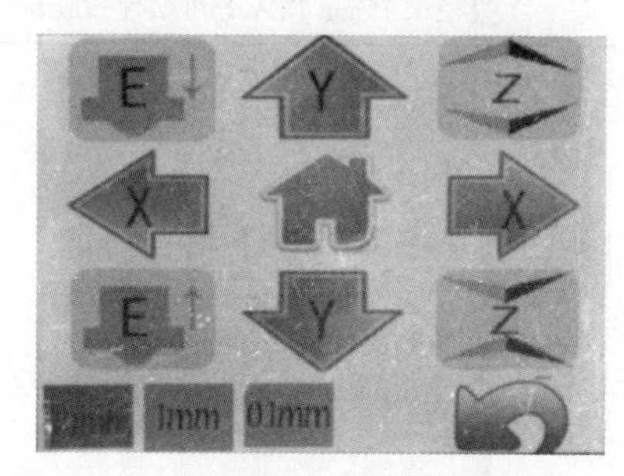

图 10-5　手动界面

10.6.2.3　机器调平

在抬升平台下方，有 4 个调平螺丝，如图 10-6 所示。让打印头和构建平台间有一丝的缝隙，可以插入一张 A4 纸，但又不会紧压为宜，通过点击 XY 移动按钮控制打印头的水平移动（不同的扇形区域表示不同的移动距离，单位为 mm），也可以移动打印头到另外三个边角的位置，再次调平；各位置调平后，再

图 10-6　平台调平螺丝

移动打印机平台左右两侧的黑色铁块检查并进行微调（注意：调平完毕后，记得把调平螺丝上面螺母扭紧）。

10.6.2.4 机器升温下料

（1）升温：下料必须温度要达到 190℃以上，先点击工具界面（见图 10-7）中的预热，然后在预热界面（见图 10-8）第二排，是喷嘴加热温度显示。

图 10-7 工具界面

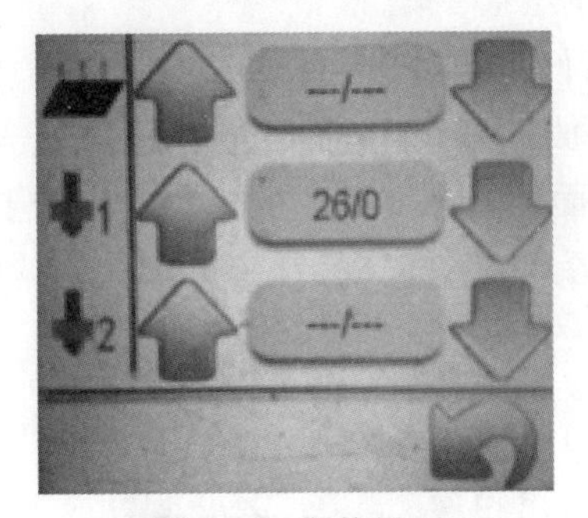

图 10-8 预热界面

加热之前显示的是黑色数字，点击加热后数字会显示红色，右边数字显示的是喷嘴的温度上限，左边是喷嘴现在的温度，箭头是调上限温度的，一般维持在 220℃即可。

（2）下料：点击工具界面（见图 10-9）的装卸耗材键，装卸耗材里面也有温

图 10-9 工具界面

度显示，等温度到了 190℃就可以点击装卸耗材界面（见图 10-10）左边的 E1 箭头开始下料，然后右边的 E1 是退料，一般点击一下电机会持续运转 1min 左右，把耗材从顶上放进喷头（见图 10-11）内部，顶住齿轮那边就可以下料，下料之后观察喷嘴等待出料，出料 10s 左右就可以点击装卸耗材界面（见图 10-10）红色的 stop 停止按钮停止下料。

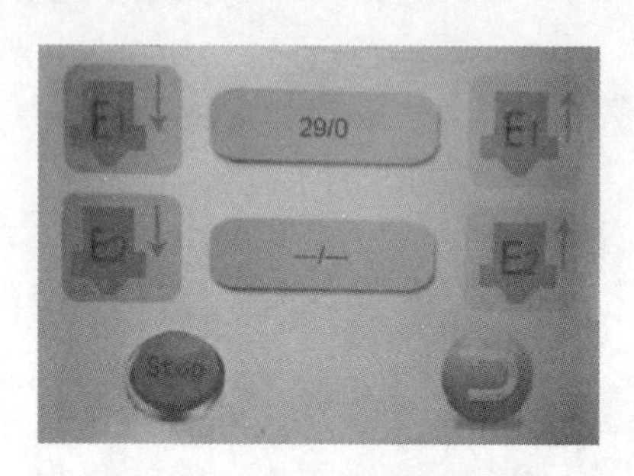

图 10-10　装卸耗材界面

图 10-11　喷头

10.6.2.5　开始打印

先用（cura）切片软件，切一个 STL 的文件，导出来就会变成打印机可以识别的 gcode 文件，把文件放进 SD 卡里面，插在机器上，然后点击屏幕界面（见图 10-12）上的打印，里面会显示要打印的文件，点击要打印的文件之后就可以开始打印。

图 10-12　屏幕界面

10.7　打印技巧

10.7.1　底部平坦

打印的时候，3D 图选择底部是平坦的一面（见图 10-13），由于打印是从底部开始一层层打印的，底层决定了整个打印物体的质量，所以打印底层是最重要的，选好一个平坦的底部作为底层打印是打印成功的关键一步。

10.7.2　避免悬空

由于打印的时候喷嘴出来的丝是流体，在重力的作用下会往下垂，如果打印

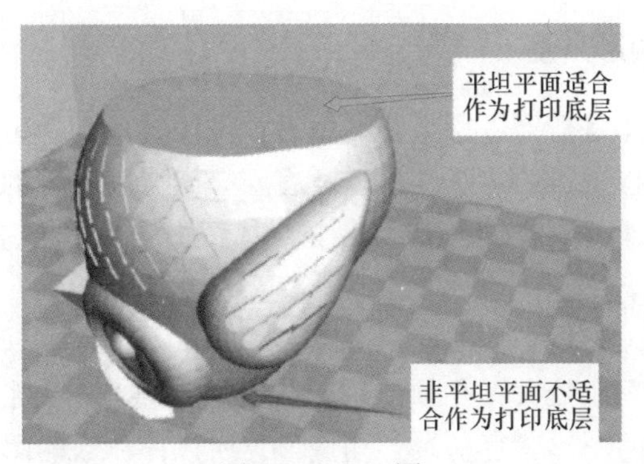

图 10-13 3D 图

的图形有悬空的地方，打印的丝就会往下垂。所以打印的时候就需要使用软件生成支撑，打印结束后再把支撑去除。类似盖房子的时候，由于混凝土是流体，会往下掉，所以需要先打好木桩才能盖房子，等混凝土凝固了再拆去木桩。跟建筑一样，拆去木桩以后会留下木桩的痕迹，打印完毕以后也会留下支撑的一些痕迹。所以如果想提高打印品质，就需要尽量避开悬空的地方，如图 10-14（a）、（b）所示，可以从以下两点进行改进。选择打印方向，选择合适位置（见图 10-15）悬空数量尽量少的一个方向进行打印。

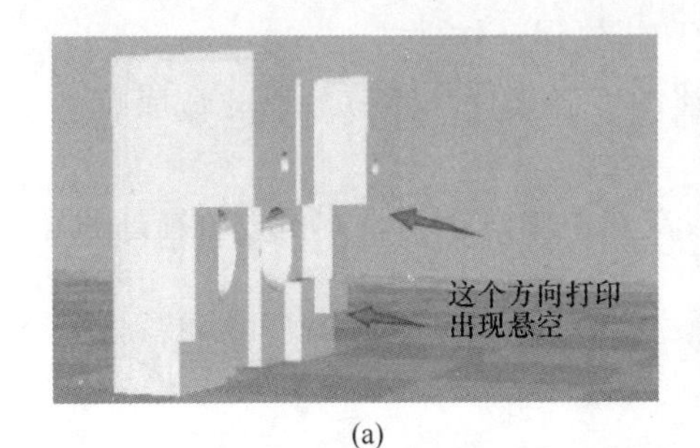

(a)

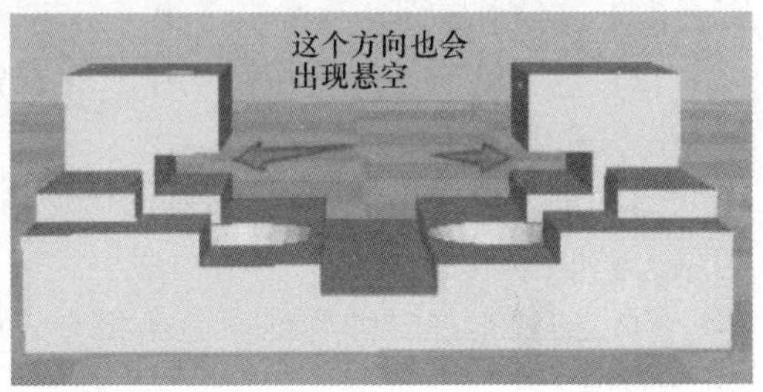

(b)

图 10-14 避开悬空

（a）外侧悬空；（b）内侧悬空

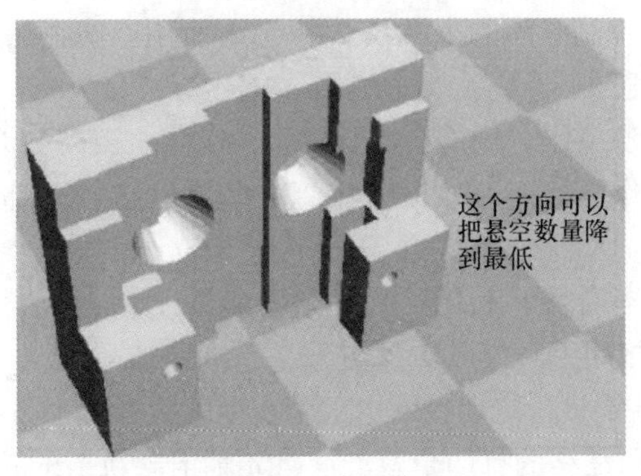

图 10-15 合适位置

10.7.3　组装匹配图形公差

如果打印的物体是需要进行组装的图形，例如螺丝和螺母、齿轮的匹配这些图形，由于打印过程塑料的热胀冷缩以及底层打印产生膨大的边缘，所以需要把公差放大一点，一般公差设置为 0.4mm，具体根据实际图形进行设置。

10.7.4　大体积图形的打印

如果打印的体积比较大，必须使用 PLA 耗材，ABS 耗材本身特性决定了它不适合用于大体积的图形，容易裂开和变形，所以体积大的图形需要使用 PLA。

如果大体积的图形打印过程还是容易翘边，可以用热熔胶把图形底部黏住。

10.8　3D 打印机的操作注意要点

3D 打印机的操作注意要点如下：

(1) 工作环境。

1) 适宜温度：5~30℃，打印过程中请勿用电风扇或空调对着机身吹风。

2) 适宜湿度：相对湿度最高不宜超过 80%，否则会由于结露使打印机内部的元器件受潮变质，甚至会发生短路而损坏机器；相对湿度也不得低于 20%，否则会由于过分干燥而产生静电干扰，引起打印机错误动作。

(2) 请勿尝试任何使用说明中没有描述的方法来使用本机，避免造成意外人身伤害和财产损失。

(3) 请勿将本机放置在易燃易爆物品或高热源附近，请将本机放置在通风、阴凉、少尘的环境中。

(4) 请勿将打印机放置在振动较大或者其他不稳定的环境中，机器晃动会影响打印质量。

(5) 请勿随意使用其他厂家的耗材，以免造成喷头堵塞和设备损坏，请使用原厂推荐的耗材；耗材长时间不使用应密封保存。

(6) 请勿使用其他产品的电源线代替，请使用本机附带的电源线，并保证供电线路有效地接地。

(7) 请勿在设备工作时触摸喷嘴及热床，以防止被高温烫伤造成人身伤害。

(8) 请勿在操作设备时佩戴手套或缠绕物，以防可动部件对人身造成卷入挤压和切割伤害。

(9) 在打印完毕后及时利用喷头的余温借助工具将喷嘴周围的余料清理干净，清理时请勿直接用手触摸以防烫伤。

(10) 常做产品维护，定期在断电的情况下，用干布（不掉毛）对设备做机身清洁，拭去灰尘和黏结的打印余料，清除光轴或导轨上的异物并做润滑处理。

参 考 文 献

[1] 于文强，张丽萍．金工实习教程[M].2 版．北京：清华大学出版社，2010.
[2] 李积武．金工实习教程[M]．北京：清华大学出版社，2012.
[3] 李新领，郝建军．金工实习 [M]．北京：北京理工大学出版社，2010.
[4] 李省委，许书烟．金工实习[M]．北京：北京理工大学出版社，2017.
[5] 金禧德．金工实习[M]．4 版．北京：高等教育出版社，2014.
[6] 王英杰，张美丽．金属工艺学[M].2 版．北京：机械工业出版社，2016.
[7] 李兵，吴国兴，曾亮华．金工实习[M]．武汉：华中科技大学出版社，2015.
[8] 黄明宇．金工实习（冷加工）[M].4 版．北京：机械工业出版社，2019.
[9] 霍仕武．金工实习教程[M].2 版．武汉：华中科技大学出版社，2018.
[10] 陈学永．工程实训指导书[M]．北京：机械工业出版社，2018.
[11] 王清华．工程训练报告（机类、近机类）[M]．北京：清华大学出版社，2019.
[12] 傅水根，李双寿．机械制造实习[M]．北京：清华大学出版社，2009.
[13] 杨占尧，赵敬云．增材制造与 3D 打印技术及应用[M]．北京：清华大学出版社，2017.
[14] 傅水根．机械制造工艺基础[M].3 版．北京：清华大学出版社，2010.
[15] 刘蔡保．数控编程从入门到精通[M]．北京：化学工业出版社，2019.
[16] 朱江，郝兴安，周俊波，等．金工实习指导书[M].2 版．成都：西南交通大学出版社，2013.
[17] 孔德音．金工实习[M]．北京：机械工业出版社，2000.
[18] 严绍华，张学政．金属工艺学实习[M].2 版．北京：清华大学出版社，2007.
[19] 王伯平．互换性与测量技术基础[M].5 版．北京：机械工业出版社，2019.
[20] 蔡杏山．电气工程师入门与进阶教程[M]．北京：化学工业出版社，2019.
[21] 崔兆华．数控机床编程与操作（广数系统）从入门到精通[M]．北京：化学工业出版社，2019.
[22] 孙庆东．数控线切割操作工培训教程[M]．北京：机械工业出版社，2014.
[23] 王朝琴，王小荣．数控电火花线切割加工实用技术[M]．北京：化学工业出版社，2019.